Raubvögel der Welt

MICHAEL EVERETT

Raubvögel
der Welt

SÜDWEST VERLAG MÜNCHEN

Inhalt

Übersetzung aus dem Englischen und deutsche Bearbeitung:
Dr. K. T. Winkler
Titel der italienischen Originalausgabe: Uccelli rapaci

Zeichnungen der Flugbilder und Silhouetten: Hannes Limmer
Umschlagfoto: Kopf eines Hühnerhabichts
Vorsatzpapier: Schakalbussard im Flug
Titelseite und S. 2–3: Ein Seeadler beim Fischfang

1. Auflage 1978 · 1. – 10. Tausend

Umschlag: Manfred Metzger, München (Foto: Reinhard/Mauritius)
Printed in Italy · Stampa I.G.D.A. Officine Grafiche, Novara
ISBN 3 517 00662 9

Register

Bildnachweis

Der Verlag dankt folgenden Personen und Institutionen für die Erlaubnis, die Photographien auf den folgenden Seiten abdrucken zu dürfen: Vorsatz, Jane Burton/Bruce Coleman; Titelseiten, Hans und Judy Beste/Ardea; S. 8 John Peason/Bruce Coleman; S. 10 Eric Hoskings/ Ardea; S. 11 Jane Burton/Bruce Coleman; S. 12 Peter Green/Ardea; S. 14 James Simon/Bruce Coleman; S. 15 o. Clem Haagner/Ardea; S. 15 u. Peter Steyn/Ardea; S. 16 Kenneth Fink/Ardea; S. 18 o. Joe Van Wormer/Bruce Coleman; S. 18 u. Adrian Warren Ardea; S. 19 o. Hans und Judy Beste/Ardea; S. 19 u. L. R. Dawson/Bruce Coleman; S. 20 Ardea Photographics; S. 21 Hans Reinhard/ Bruce Coleman; S. 22 o. Eric Hosking; S. 22 u. l. M. D. England/Ardea; S. 22 u. r. Eric Hosking; S. 23 Charlie Ott/Bruce Coleman; S. 24 P. Blasdale/Ardea; S. 26 John Peason/Bruce Coleman; S. 27 o. John Wightman/Ardea; S. 27 u. John Peason/Bruce Coleman; S. 28 o. l. Ardea Photographics; S. 28 o. r. Clem Haagner/Ardea; S. 28 u. Peter Steyn/Ardea; S. 29 l. Leslie H. Brown/Ardea S. 29 r. Richard Waller/Ardea; S. 30 Gary Jones/Ardea; S. 31 Hans Reinhard/Bruce Coleman; S. 32 Jane Burton/Bruce Coleman; S. 33 u. l. Alan Weaving/Ardea; S. 33 o. r. und u. r. Francisco Erize/Bruce Coleman; S. 34 Kenneth Fink/ Ardea; S. 35 M. D. England/Ardea; S. 36 l. A. J. Deane/ Bruce Coleman; S. 36 r. Clem Haagner/Ardea; S. 37 Eric Hosking; S. 38 Peter Steyn/Ardea; S. 39 Kenneth Fink/ Ardea; S. 40 o. l. J. L. Mason/Ardea; S. 40 u. l. Clem Haagner/Ardea; S. 40 r. M. D. England; S. 41 o. r. John Wightman/Ardea; S. 41 u. r. H. Rivarola/Bruce Coleman; S. 42 Bruce Coleman; S. 44 l. Eric Hosking; S. 44 r. Kenneth Fink/Ardea; S. 45 Eric Hosking; S. 46 o. Peter Steyn/Ardea; S. 46 u. Leslie H. Brown/Ardea; S. 47 E. McNamara/Ardea; S. 49 E. Breeze Jones/Bruce Coleman; S. 50 Alan Weaving/ Ardea; S. 51 o. Helmut Albrecht/Bruce Coleman; S. 51 u. Bruce Coleman; S. 52 l. und r. Christopher Mylne; S. 53 Eric Hosking; S. 54 H. M. Barnfather/Bruce Coleman; S. 56 R. Balharry; S. 58 S. Roberts/Ardea; S. 59 G. D. Plage/ Survival Anglia Ltd.; S. 60 o. Eric Hosking; S. 60 u. r. J. C. Blewitt/Ardea; S. 61 o. J. B. und S. Bottomley/Ardea; S. 61 u. R. J. C. Blewitt/Ardea; S. 63 A. Fatras/Jacana; S. 64 Jane Burton/Bruce Coleman; S. 65 Falconry Centre, Newent, England; S. 66 Charlie Ott/Bruce Coleman; S. 67 Hans und Judy Beste/Ardea; S. 68 G. D. Plage/Bruce Coleman; S. 69 M. D. England/Ardea; S. 70 Peter Steyn/ Ardea; S. 71 o. A. J. Deane/Bruce Coleman; S. 71 u. John Peason/Bruce Coleman; S. 72 Rod Borland/Bruce Coleman; S. 74 Hans und Judy Beste/Ardea; S. 75 Joseph Van Wormer/Bruce Coleman; S. 76 Peter Steyn/Ardea; S. 78 Don MacCaskill/A. F. A. Ltd.; S. 79 Bruce Coleman; S. 80 Lee Lyon/Bruce Coleman; S. 81 R. M. Bloomfield/ Ardea; S. 83 D. V. Nostrand/Frank W. Lane; S. 84 Leonard Lee Rue III/Bruce Coleman; S. 85 Peter Steyn/Ardea; S. 86 o. und u. Eric Hosking; S. 87 Hans und Judy Beste/ Ardea; S. 88 Eric Hosking; S. 90 o. Christopher Mlyne/ Ardea; S. 90 u. Christopher Mylne; S. 91 Geoffrey Kinns; S. 92 Graham Pizzey/Bruce Coleman; S. 93 Peter Steyn/ Ardea; S. 94 Christopher Mylne; S. 97 R. Balharry; S. 98 Graham Pizzey/Bruce Coleman; S. 99 o. P. Morris/Ardea; S. 99 u. James Simon/Bruce Coleman; S. 101 l. J. A. Bailey/ Ardea; S. 101 r. Bryan Sage/Ardea; S. 102 Bruce Coleman; S. 104 Kenneth Fink/Ardea; S. 106 R. S. P. B.; S. 107 C. Rabanit/Jacana; S. 108 l. John Wightman/Ardea; S. 108 r. und S. 109 Frank S. Todd, Corporate Curator of Birds, Sea World; S. 110 o. S. Roberts/Ardea; S. 110 u. R. S. P. B.; S. 111 o. R. S. P. S./Intertech Ltd.; S. 111 u. Peter Robinson/ R. S. P. B.; S. 112 Survival Anglia Ltd.; S. 113 o. Peter Alden/ Area; S. 113 u. Eric Hosking; S. 114 R. Balharry; S. 115 Christopher Mylne/Ardea; S. 116 R. T. Smith/Ardea/S. 117 R. S. P. B.; S. 118 l. und r. Falconry Center, Newent; S. 119 Eric Hosking; S. 120 G. D. Plage/Bruce Coleman. Die Liste der Greifvögelarten auf S. 122–125 stammt aus dem Buch *Eagles, Hawks and Falcons of the World* von Leslie Brown und Dean Amadon (Country Life Books, 1968) und erscheint mit Genehmigung der Hamlyn Group.

Vorwort

Es gehört zu den wesentlichen Aufgaben der Gegenwart, die Greifvögel, wie man die volkstümlich Raubvögel genannten Tiere wegen der Art ihres Nahrungserwerbs (»Beutegreifer«) in der Ornithologie bezeichnet, besser zu verstehen. Empfindsamere Menschen unter uns halten diese Vögel für unerfreulich und grausam, töten sie doch andere Tiere. Dabei wird übersehen, daß auch das Rotkehlchen ein Räuber ist, selbst wenn seine Beute nur Würmer sind. Andere Leute sehen dagegen im Menschen das einzige Geschöpf, das ein Recht zu töten hat. Wahllos schießen sie auf einen Habicht, stellen einem Falken mit dem Fangeisen nach, ohne sich je einen Gedanken über die Rolle dieser Tiere in der natürlichen Umwelt zu machen. Heute versucht man, die Natur als Gemeinschaft belebter und unbelebter Dinge zu begreifen, die eine Struktur aufweist, so wie ein Wald eine Struktur besitzt. Zudem verfügt diese Gemeinschaft über Energie, die von einer Kreatur zur anderen übertragen wird. Zuallererst wird die Energie aus den Chemikalien im Boden gewonnen, auf den Sonne und Regen einwirken. Sie wird von den Pflanzen in einer Form aufgenommen, die einige Insekten, Säugetiere und Vögel konsumieren können. Diese Kreaturen werden wiederum von größeren Tieren verzehrt, wobei die Räuber wie die Greifvögel am Ende der Kette stehen. Wenn sie sterben, werden sie von Mikroben aufgezehrt, und die in ihrem Körper enthaltene Energie wird so dem Boden wieder zugeführt. Ohne die Raubtiere, die Fleisch essen, weist die Natur kein Gleichgewicht auf.

Greifvögel gehören mit ihren Jagdweisen zu den geschicktesten und beeindruckendsten Vögeln – was immer sie tun, es ist dem jahreszeitlichen und geographischen Nahrungsangebot angepaßt. Ihr Leben hängt von der Fähigkeit, töten zu können, und von der Menge der Beutetiere ab. In jüngster Zeit haben die Greifvögel in aller Welt schwer gelitten, weil der Mensch ihre Lebensräume zerstört, tödliche Chemikalien mißbraucht und in wachsendem Maße den Greifen feindlich gegenübersteht, weil fälschlich geglaubt wird, sie würden in breiterem Umfange die Nutztierhaltung beeinträchtigen. Der Greifvogelbestand ist so weit zurückgegangen, daß man sich fragen muß, ob nicht einige Adler- und Geierarten ebenso zum Untergang verurteilt sind wie einst der Dinosaurier. Was wir brauchen, ist mehr fundiertes Verständnis für diese Tiere. Dieses Buch, so denke ich, kann uns dabei helfen.

Michael Everett schreibt mit Sympathie und Verständnis für die Greifvögel. Sein breites Fachwissen ist überall in diesem Buch ersichtlich. Sein Stil ist einfach und voller Überzeugungskraft. Oft schildert er eigene Erlebnisse mit Greifvögeln. Ich schätze sein Buch, denn es zeigt ihn als echten Greifvogelfreund, und nicht als jemanden, der einen Greif zur Falknerei abrichten oder in einem Vogelhaus halten will. Er schätzt sie da, wo sie sein sollten – in freier Wildbahn.

Peter Conder

(Präsident der Britischen Gesellschaft für Vogelschutz)

Einleitung

Greifvögel haben in allen Zeiten die menschliche Phantasie angeregt. Die Greife wurden als Sinnbild der Götter verehrt und dienten als Symbol höchsten menschlichen Strebens. Die entgegengesetzte Einstellung hat es aber auch gegeben: Ohne Erbarmen wurden diese als abstoßend empfundenen Tiere niedergemetzelt. So war bei aller Vielfalt der Einstellungen zu den Greifen eines selten, nämlich Gleichgültigkeit.

Die meisten Menschen wissen nur verhältnismäßig wenig über viele Greifvögel, trotz all der positiven und negativen Empfindungen, die sie hervorrufen. Selbst um die bekanntesten Greife ranken sich völlig realitätsfremde Geschichten. Viele, die Nutztiere halten oder Niederwild hegen, sehen in den Greifen einfach auszumerzende Schädlinge, während sie für den normalen Laien grausame und erbarmungslose Killer sind. Wissenschaftliche Untersuchungen haben freilich ergeben, daß Greifvögel in der Regel kaum dem Tun des Menschen entgegenstehen, auch wenn diese Vögel unter bestimmten Umständen kleineren Schaden anrichten können. Eine ausgewogene Anzahl dagegen nützt dem Menschen.

Die volkstümlich als Raubvögel bezeichneten Tiere gehören zu der Ordnung Greifvögel *(Falconiformes)*. Diese umfaßt Vögel wie Falken, Habicht, Weih, Milan, Adler, Geier und Bussard. Alle schlagen oder greifen Beute, beziehungsweise ernähren sich von Tierkadavern. Aus zoologischen Gründen werden andere Vogelarten wie die Eulen, die auch lebende Beute schlagen, nicht in diese Ordnung mitaufgenommen.

Die vielen Fehldeutungen, die hinsichtlich der biologischen Rolle der Greifvögel (oder auch jedem anderen Raubtier) vorherrschen, entstehen durch die Unkenntnis ihrer Lebensgeschichte und ihrer Beziehungen zu den anderen lebenden Kreaturen. Gerade in den letzten drei Jahrzehnten haben Ornithologen detaillierte Untersuchungen vieler Arten unternommen, insbesondere in Europa, Nordamerika und Afrika. Dadurch wurden unsere Kenntnisse über diese faszinierende Gruppe Vögel stark erweitert. Die Ornithologen wären aber auch die ersten, die zugeben würden, daß wir immer noch am Anfang stehen. So sind noch umfangreiche

Links: Ein landender Bengalgeier – für manche ein großartiger, für andere ein abstoßender Greifvogel.

Forschungsarbeiten über die Ordnung Falconiformes vonnöten, wogegen ein beträchtlicher Fortschritt in der Vermittlung des vorhandenen Wissens an den Laien erzielt worden ist.

Greifvögel besitzen eine augenfällige Anziehungskraft für den Naturfreund, ob er nun ein Vogelliebhaber ist, der am Wochenende Vögel beobachtet, oder ein Ornithologe, der sich mit der Forschung befaßt. Inzwischen haben die Greife in wachsendem Maße auch das Interesse und die Sorge einer verhältnismäßig neuen Gruppe geweckt, der Umweltschützer. Einige Arten waren in ihrem Bestand schon lange gefährdet, weil sie in der einen oder anderen Weise verfolgt wurden. Andere sind so spezialisiert, daß jede Änderung der Lebensbedingungen die Art gefährdet. Einige Arten sind praktisch schon seit langer Zeit durch Sammler und Trophäenjäger bedroht. Die indirekten Gefahren, die durch viele menschliche Aktivitäten entstehen, haben inzwischen jedoch eine neue und bedrohliche Bedeutung gewonnen. Wachsende Verstädterung und Industrialisierung, die Entwässerung von immer neuen feuchten Niederungen, die Zerstörung von geschlossenen Waldgebieten (und umgekehrt die umfangreiche Aufforstung) und die sich rasch ändernden Methoden in der Landwirtschaft haben zu einem Rückgang der Lebensräume für die Greife geführt und verstärken die menschliche Belastung der Umwelt und die vielfachen Formen ihrer Verschmutzung. In vielen Gegenden erreicht die Belastung der Tierwelt heute einen kritischen Punkt. Viele Greifvögel sind dadurch mehr gefährdet als je zuvor, weil sie eine Schlüsselposition im natürlichen Gleichgewicht einnehmen. Von 37 europäischen Greifvogelarten sind 25 seit Beginn unseres Jahrhunderts spürbar oder sogar erschreckend zurückgegangen. Angesichts dieser bedrohlichen Bestandsrückgänge ist der Wunsch, mehr Kenntnisse über diese Tiere zu erhalten, nicht länger Sache eines rein wissenschaftlichen Interesses, sondern nimmt größere Dringlichkeit an: Ohne mehr Wissen über diese Vögel und ihre Ökologie werden alle Bemühungen, sie zu erhalten, kaum Erfolg haben. Und es ist doch nicht zu leugnen, daß der Greifvogelbestand wert ist, gerettet zu werden, sei es nun aus wissenschaftlichen, erzieherischen oder ästhetischen Gründen.

Dieses Buch zeigt die kritische Lage, in der sich heute viele Greife befinden, und diskutiert mögliche Lösungen und Verbesserungen, indem den Gründen dieser Gefährdung nachgegangen wird. Außerdem faßt es zusammen, was man heute über diese Vögel weiß und vermittelt etwas von ihrer großen Anziehungskraft. Es ist kein erschöpfendes, detailliertes Nachschlagewerk. Vielmehr soll ein knapper Überblick über die rund 270 Arten der Ordnung gegeben werden, die doch selbst auch der Laie als Greifvögel erkennt, und es nur an dem charakteristischen Krummschnabel. So will dieses Buch zu den Habichten, Adlern, Falken, Geiern und anderen Greifen hinführen, das Interesse an diesen Tieren, ihrer Erforschung und Erhaltung wecken. Vor allem aber soll dieses Buch ein tieferes Verständnis für diese bemerkenswerten Kreaturen vermitteln.

Oben: Kaffernadler im Horst – das Weibchen hält Ausschau, während das Männchen zum Landen ansetzt. Das einzige Junge ruft.

Rechts: Zwei Raubadler. Sie vertilgen Aas und schlagen auch lebende Beute.

Evolution und Fossilfunde

Links: Fossilrest des Archaeopteryx lithographica, *dem Eidechsen- oder Urvogel. Man kann an diesem Abdruck verschiedene Kriechtiermerkmale erkennen – den langen Schwanz mit seinen 20 Wirbeln, die drei »Finger« mit Krallen, Rippen und einen einfachen Rückenknochen. Ebenso auffällig sind die Vogelmerkmale, der klare Abdruck der Schwungfedern, die denen eines entwickelten Vogels entsprechen.*

Seit die Evolutionslehre mit die größte wissenschaftliche Neuorientierung in der Geschichte der Biologie veranlaßte, ist mehr als ein Jahrhundert vergangen. Die der Evolutionslehre zugrunde liegenden Prinzipien sind seit jenen hitzigen Jahren, wo gestritten und hin und her debattiert wurde, längst allgemein anerkannt. Man hat viel dazugelernt. Trotz der großen Lücken in den Fossilfunden wurde inzwischen viel darüber entdeckt, wie frühere Tiere lebten und wie sich über Millionen von Jahren hin die neuzeitlichen Tierarten entwickelt haben. Aber die Geschichte der Vögel, zumal der Raubvögel, bleibt immer noch fragmentarisch. Selbst die Hauptlinien der Stammesentwicklung sind noch weitgehend unbekannt. Freilich läßt sich auch schon heute der Stand unseres Wissens zusammenfassen.

Die Vögel entwickelten sich während des Tertiärs, genauer im Mesozoikum. Sie hatten Reptilien als Vorfahren, wahrscheinlich die kleinen, Urwurzelzähner genannten Saurier (Theocodentia). Der erste als solcher erkennbare Vogel ist der *Archaeopteryx lithographica,* der Eidechsen- oder Urvogel aus der Jurazeit vor etwa 160 Millionen Jahren. Bis zur Kreidezeit klaffen dann große Lücken in unserem Wissen. Entsprechende Fossilfunde fehlen. Von der Kreidezeit vor 70 bis 100 Millionen Jahren an sind mehr Formen bekannt. Erst während des folgenden Eozoikums (griech. »Morgenröte der Tierwelt«) werden unterschiedliche Vogeltypen zahlreicher. So stammen die urtümlichsten Raubvögel aus dieser erdgeschichtlichen Epoche. Die Stammesentwicklung der Vögel verlief während der jüngsten Tertiärstufe, dem Pliozän, und der Eiszeit (Pleistozän vor bis zu 11 Millionen Jahren) weiter und erreichte einen Höhepunkt vor ungefähr 500000 Jahren. Damals war die Zahl der lebenden Arten wahrscheinlich um ein Drittel größer als heute.

Der urtümlichste bislang entdeckte Raubvogel ist der *Lithornis,* den man im Londoner Ton aus dem Eozän fand und dessen Alter mit etwa 60 Millionen Jahren angegeben wird. Es war ein geierartiger Vogel. Einige Fachleute halten ihn für ein Mitglied der Unterordnung, deren lebende Vertreter die Neuweltgeier und der Kondor bilden. Das älteste amerikanische Mitglied dieser Gruppe ist bisher der *Neocathartes gratator,* ein langbeiniger, kaum flugfähiger Geier, dessen Abdruck man ebenfalls in Ablagerungen aus dem Eozän fand.

Die meisten anderen Arten tauchten während des Oligozäns auf, der drittältesten Tertiärstufe vor 25 bis 40 Millionen Jahren. Allerdings weiß man kaum etwas über die zuerst entstandenen Formen und ihre Evolutionsmuster. Wie bei allen Vogelarten berichten Fossilfunde nur einen Teil dessen, was war. Vielleicht werden künftige Funde einige Lücken unseres Wissens füllen und einen Teil der geheimnisvollen Geschichte der Vögel aufklären.

Man hat viele interessante Fossilfunde bis heute gemacht. Funde aus den berühmten Teergruben Roncho la Brea bei Los Angeles sollten besonders erwähnt werden, denn hier stieß man auf viele Vogelüberreste zwischen den Spuren zahlreicher Tiere aus dem Pleistozän. Die Reste zeigen, daß der heute nahezu ausgestorbene Kalifornische Kondor oder zumindest ein ihm weitgehend gleichender Vogel vor vielleicht einer Million Jahren in jener Gegend lebte. Die winzige überlebende Population (Bevölkerung) wohnt in nicht sehr weit entfernten Bergen. Hier wurde auch noch ein größerer Vogel gefunden, der riesige *Teratornis incredibilis* (»unglaubliches Vogelungeheuer«), der ungefähr 22,5 kg wog und eine Flügelspanne von zwischen 3,6 und 4,2 m besessen haben soll. Noch erstaunlicher ist ein anderer, ähnlicher Vogel, den man anhand eines einzigen Knochens rekonstruieren konnte und der größer als der *Teratornis* war.

Bei der Behandlung der existierenden Greifvogelarten muß man wissen, daß man nur zum Teil über die Familienbeziehungen der Greife untereinander und über ihre Abstammung von den weitgehend unbekannten Vorgängern Bescheid weiß. Die Stammesentwicklung der Greife gleicht einem Puzzlespiel, bei dem viele Teilchen gut und leicht zusammenpassen, andere (und zwar weit mehr) fehlen, so daß das endgültige Bild im großen und ganzen auf Vermutungen beruht. Die Fachleute sind unterschiedlicher Auffassung, aber man kann zumindest eine allgemeine Gruppierung angeben und daraus einige vorsichtige Schlußfolgerungen ziehen.

Da wir im folgenden über Ordnung, Gattung und andere Klassifikationen sprechen werden, sollte zuerst das allgemeingebräuchliche System und die übliche Nomenklatur erläutert werden. Vögel werden der Klasse *Aves* zugerechnet, um sie von anderen Lebensformen zu unterscheiden. Diese Klasse wird in eine Anzahl Ordnungen unterteilt, in denen miteinander verwandte Vogelfamilien zusammengefaßt sind. Alle Pinguine oder Flossentaucher gehören zu einer Ordnung *(Sphenisciformes)*, alle Gänse, Schwäne und Enten zu einer anderen *(Anseriformes)* und so weiter. Alle sogenannten Raubvögel gehören zur Ordnung Greifvögel, die wiederum in mehrere Unterordnungen gegliedert wird. In ihrer klassischen Untersuchung über die Greifvögel in aller Welt haben Leslie Brown und Dean Amadon drei Unterordnungen eingeführt, und diese Gliederung und Zuordnung soll im folgenden verwendet werden. Die Unterordnungen sind die Neuweltgeier *(Cathartidae)*, die Habichtartigen (Milan, Weihe, Habicht, Bussard, Adler und Altweltgeier) und die Falkenartigen (Karakara und Falken). Jede Unterordnung setzt sich aus Familien zusammen, zu denen eine oder mehrere Gattungen gehören. Mehrere miteinander verwandte Vögel oder Arten bilden eine Gattung. Jeder Vogel erhält einen lateinischen »wissenschaftlichen« Namen, der theoretisch allgemeingültig sein und alle Verwechslungen durch die häufig unklaren Dialektnamen ausschließen soll. Wie diese auch als internationale Vogelnamen bezeichnete Nomenklatur aussieht, kann man dem Anhang am Ende dieses Buches entnehmen. Alle lateinisch-griechischen Namen setzen sich aus zwei Bezeichnungen zusammen, wobei das erste Wort für den Gattungs-, das zweite für den Artnamen steht, so daß alle Arten, die in einer Gattung zusammengefaßt sind, eine gemeinsame erste Bezeichnung aufweisen.

Die Unterordnung *Cathartidae* (Neuweltgeier) stammt vom ältesten bekannten Greifvogeltypus ab. Ihre Vorfahren, unter anderem die *Lithornis*, lebten auch in Europa, wie man aufgrund von Funden weiß. In der Alten Welt sind die Neuweltgeier heute allerdings ausgestorben. Ihr Körperbau unterscheidet sich von dem der anderen Greifvögel. Ob diese Geier mit den übrigen Raubvögeln überhaupt verwandt sind, ist eine völlig ungeklärte Frage.

Noch mehr Probleme bereitet die Abstammung der größten Unterordnung, der Habichtartigen *(Accipitridae)*. Die Vielfalt der Arten innerhalb der Unterordnung Habichtartige ist beträchtlich. Ihre Stammesentwicklung und Verwandtschaft untereinander läßt sich nur vorläufig skizzieren. Da die Greifvögel wahrscheinlich von Abfallvertilgern abstammen, gelten die Milane, die im allgemeinen der Unterordnung *Accipitridae* zugerechnet werden, als die urtümlichsten Vögel oder als die Grundtypen innerhalb der Unterordnung. Von ihnen gehen wahrscheinlich zwei Linien der Stammesentwicklung aus: Einmal läßt sich die Abstammung der Altweltgeier und der Seeadler auf diese Grundform zurückführen. Zum anderen entwickelten sich ebenfalls von da aus – in der ungefähren Evolutionsabfolge – die Schlangenadler, die Weihen und ihre Artgenossen, die Habichte und ihre engen Verwandten, die vielen und verschiedenartigen Bussarde, die Harpyienadler und die Echten Adler. Zu dieser

Oben: Der farbenprächtige Königsgeier der amerikanischen Tropen ist ein Mitglied der Unterordnung Cathartidae. *Diese Neuweltgeier scheinen mit dem* Lithornis *eng verwandt zu sein, dem urtümlichsten bekannt gewordenen Greifvogel.*

Oben: Die Echten Adler, wie dieser Raubadler, repräsentieren den Entwicklungshöhepunkt in der Unterordnung Accipitridae.

Links: Ein Lannerfalk aus der dritten Unterordnung Falconidae. *Im Unterschied zu dem nahverwandten Saker, einem Bewohner der Steppen, zieht der Lanner mehr das Gebirge vor. Lannerfalkenpaare jagen häufig in einer gemeinsamen Kombinationsjagd.*

Unterordnung gehört auch der Fischadler, ein Vogel, der manche Ähnlichkeit mit den Milanen und anderen Habichten aufweist, sich aber durch zahlreiche Eigentümlichkeiten des Körperbaus von seinen Verwandten unterscheidet. Auch den spezialisierten und einmaligen Sekretär rechnet man in der Regel zur Unterordnung *Accipitridae.*
Die dritte Unterordnung, die Falkenartigen, untergliedert sich in zwei Hauptgruppen. Die erste enthält die Karakaras oder Gierfalken und die anderen südamerikanischen Falken, die nicht zu den übrigen Gruppen gerechnet werden können. Sie weichen nämlich in Aussehen und Lebensweise erheblich von den Echten Falken ab und werden deshalb als »abweichende« Falken bezeichnet. Die zweite Hauptgruppe umfaßt die kleinen tropischen Zwergfalken und die Echten Falken der Gattung *Falco.* Alle diese Vögel sind mit denen, die zur vorherigen Unterordnung gehören, verwandt, wie eng, ist freilich eine Streitfrage. Eine Verwandtschaft zwischen den Falken und Eulen ist vermutet worden. Sie dürfte aber nur sehr entfernt sein, weshalb diese Theorie in der Regel auch nicht akzeptiert wird.

Die Ordnung Greifvögel

Der Begriff »Raubvogel« paßt allgemein gesprochen auf jede Vogelart, die andere Tiere als Nahrung tötet, insbesondere höhere Formen der Wirbeltiere. Im engeren Sinne sind damit umgangssprachlich die Mitglieder der Ordnung Greifvögel gemeint. Diese weisen eine Vielfalt von Namen auf, aber die Ordnung umfaßt Habichte, Weihen, Milane, Bussarde, Adler, Geier, Falken und andere. Im wesentlichen sind dies entweder Vögel, die ihre Beute greifen, oder die zumindest Aasesser sind. Außerdem haben sie alle einen Krummschnabel und zumeist gutentwickelte, scharfkrallige Fänge (Füße) zum Beuteschlagen. Ein Greif kann also ebenso ein gelegentlicher Aasvertilger sein, ein Vogeljäger wie der Habicht oder ein Adler, der Säugetiere erbeutet. Auch eine Ausnahme wie der Palmgeier (auch Geierseeadler oder Palmnußgeier genannt) kann dazugerechnet werden, selbst wenn er ein Fruchtfleischesser ist. Vorzugsweise ist zur Zeit die Bezeichnung »Greife« üblich geworden; sie ist mit Greifvogel identisch.

Genaugenommen sind natürlich auch Eulen Raubvögel, aber sie werden höchstens als »Nachtgreifvögel« bezeichnet, ein allerdings unklarer Ausdruck. Auch sie sind mit einem scharf abwärtsgebogenen Oberschnabel bewaffnet und haben mächtige Füße mit sehr scharfen, langen Krallen. Auch sie jagen viele verschiedene Tiere als Beute, aber ihr Körperbau unterscheidet sich von dem der »Taggreifvögel«, die heute allein als Greifvögel klassifiziert werden. Wahrscheinlich sind die Eulen auch nicht näher mit den Greifvögeln verwandt. Sie erhalten entsprechend eine eigene Ordnung, die Ordnung Eulen *(Strigiformes)*. Sie wird hier jedoch nicht behandelt.

Greifvögel findet man praktisch in jedem wesentlichen Lebensraum. Der einzige Kontinent, auf dem sie nicht vorkommen, ist die Antarktis. Woanders fehlen Greifvögel nur auf verhältnismäßig kleinen Landgebieten, wie bestimmten Inseln Polynesiens, und auf dem offenen Meer. Greifvögel leben in allen Regionen – abgesehen von extrem kalten Gebieten und extremen Hitzeregionen –, im Urwald und in der offenen Wüste, selbst in den höchsten Gebirgen. Wie wir sehen werden, ist ihr Körperbau der Jagd angepaßt. Sie erbeuten eine erstaunliche Vielzahl Tiere. Einige Greife können selbst die äußerst schnell fliegenden Vögel erlegen, unter Umständen sogar eigene Artgenossen; andere sind darauf spezialisiert, Fledermäuse, Fische, Schlangen und eine Reihe weiterer aus dem Rahmen fallende Tiere zu jagen. Üblicherweise wird die Zahl der Greife unterschätzt, die wie die eigentlichen Geier Abfall oder Aas vertilgen. In manchen Gegenden ist selbst der edle Steinadler ein Aasesser und ist mit einem toten Schaf ebenso zufrieden wie ein Geier andernorts.

Die Unterschiede innerhalb der Ordnung Greifvögel sind beträchtlich; die systematische Vogelkunde kennt drei Unterordnungen, die im deutschen Sprachgebrauch auch als Familien bezeichnet werden: die *Cathartidae* oder Neuweltgeier, die *Accipitridae* oder Habichtsartigen und schließlich die *Falconidae* oder Falken. Jede Unterordnung setzt sich aus verwandten Vogelarten zusammen, die in Gattungen oder Unterfamilien zusammengefaßt werden. Im folgenden werden kurz die hauptsächlichen Merkmale dieser Unterfamilien und Gattungen skizziert, wobei das Schwergewicht auf die geographische Verbreitung und auf die Ernährungsweise gelegt wird. Zum Nachschlagen sind alle dazugehörenden Arten im Anhang am Ende des Buches aufgeführt.

Links: Ein Andenkondor, der größte Greifvogel mit einer Flügelspanne von über drei Meter bei 8 bis 12 kg Gewicht. Das Männchen trägt über Wachshaut, Stirn und Vorderscheitel einen auffälligen Kamm, der wie die nackte Kopf- und Halshaut dunkel fleischfarben getönt ist. Über die Hänge und Klüfte der Hochgebirge streichen die Kondore segelnd auf der Suche nach verendeten Tieren wie dem Lama dahin. Vollgefressen stehen die stattlichen Greife meist mit gespreizten Flügeln auf niedrigen Bäumen und Felsen.

Unterordnung Neuweltgeier (Cathartidae)

Sieben Arten umfaßt die Familie Neuweltgeier. Alle Arten sind grundsätzlich Aasesser. Gelegentlich nehmen sie auch Eier und Vogeljunge, Jungtiere und selbst Früchte als Nahrung. Einige gehören zu den Raubvögeln, die mit das erstaunlichste Flugvermögen entwickelt haben.

Die drei Arten des Truthahngeiers sind mittelgroße Vögel, die hauptsächlich offene Lebensräume vorziehen. Der gewöhnliche Truthahngeier kommt vom Süden Kanadas bis zum Feuerland und den Falklandinseln vor. Die Verbreitung des untersetzteren, kurzflügeligen Rabengeiers reicht von den wärmeren Gebieten der Vereinigten Staaten bis nach Patagonien im Süden Südamerikas. Dagegen ist der farbenprächtige Königsgeier im tropischen Urwald von Mexiko bis zum Norden Argentiniens zu Hause.

Die beiden Kondorarten gehören wohl zu den beeindruckendsten Neuweltgeiern. Der mächtige Andenkondor ist der größte Greifvogel mit einer Flügelspanne von 2,7 bis 3,25 m und einem Gewicht von 7,7 bis 11 kg. Ganz sicherlich kann man ihn zu den berühmtesten Vögeln rechnen. Die Verbreitung erstreckt sich durch das ganze Andengebiet, auch wenn er in einzelnen Regionen schon selten geworden ist. Häufig tritt der Andenkondor in großen Höhenlagen auf, siedelt aber im Südteil der Andenkette auch auf Meereshöhe. Fast gleich groß ist der Kalifornische Kondor, der heute zu den aussterbenden Arten gehört und als einer der seltensten Vögel überhaupt bekannt geworden ist. Er kommt nur mehr in den Küstenbergen Südkaliforniens vor, wo vielleicht noch 50 Exemplare leben. Möglicherweise existieren noch weitere wenige Individuen dieser streng geschützten Vogelart in den entlegenen Bergen von Baja California, wo man in jüngster Zeit Hinweise gefunden hat, die auf die Anwesenheit des Kalifornischen Kondors schließen lassen.

Links: Ein ungewöhnliches Merkmal der Truthahngeier ist ihr ausgeprägtes Geruchsvermögen, mit dem sie das Aas durch seinen Verwesungsgeruch lokalisieren, eine für einen Vogel außerordentliche Sinnesleistung.

Unten: Amerikanische Rabengeier beim Abfallvertilgen am Strand. Nicht alle Greifvögel jagen lebende Tiere. Neben den Neuwelt- und Altweltgeiern gibt es noch viele andere Abfall- und Aasvertilger.

Oben: Ein ausgewachsener Fischadler und ein Junges in einem Bodenhorst in Australien. Der Fischadler ist auf den Fischfang spezialisiert und kommt mit einer weltweiten Verbreitung sowohl im Inland wie am Meer vor.

Unterordnung Habichtartige (Accipitridae)

Die Familie *Accipitridae* umfaßt drei Unterfamilien. Die erste Unterfamilie *(Pandioninae)* weist nur eine Art auf, den Fischadler, der oberflächlich einem Adler ähnelt, dessen Körperbau sich aber in vieler Hinsicht von allen anderen Greifen unterscheidet. Der Adler kommt fast überall auf der Welt beständig in Wassernähe vor, an Seen, Flüssen und Meeresküsten. Von allen Raubvögeln ist der Fischadler durch seine Fähigkeit, nach Fischen tauchen zu können, am meisten spezialisiert.

Die Milane gehören zu der großen reichlich 200 Arten umfassenden Unterfamilie Accipitridae, zusammen mit Habichten, Adlern und Altweltgeiern. Die Bezeichnung Milane bezieht sich auf eine Anzahl Gattungen mit über 30 verschiedenen Arten, die alle weniger räuberisch sind als die meisten Greifvögel.

Die Schopfbussarde sind kleinere Milane, haben einen Schopf und lange Flügel. Sie kommen in den Urwaldgebieten der Südhälfte Afrikas, auf Madagaskar und in Nordaustralien vor. Ihre Nahrung bilden kleine Kriechtiere und Insekten; manche Arten jagen auch Kleinsäuger, Vögel und sogar Fledermäuse. Ein ähnlicher, aber größerer Raubvogel

Rechts: Der Schneckenweih ist ein hochspezialisierter Milan, dessen Nahrung ausschließlich amphibisch lebende Blasenschnecken (Gattung Ampullaria) bilden. Verbreitungsgebiet: Florida, Kuba und Teile Mittel- und Südamerikas.

Oben: Die amerikanischen Schwalbenweihen sind schwungvolle und wendige Vögel, die nach fliegenden Insekten, Kleinvögeln und nach Kriechtieren in Baumkronen jagen. Diese schlanken, bussardgroßen Greife mit dem langen Gabelschwanz, der fast die Hälfte der Körperlänge (60 cm) ausmacht, kommen von den südöstlichen USA bis nach Argentinien vor. Sie gleichen im Flug einer übergroßen Schwalbe, Kopf und Unterseite sind weiß. Rücken und Flügel sowie der Schwanz weisen eine glänzend schwarze Färbung auf.

der Niedergebiete im tropischen Amerika ist der Cayenne-Milan, der sich von Fröschen und Insekten ernährt. Wie der Wespenbussard hat der Cayenne-Milan eine ausgesprochene Vorliebe für Wespenlarven.

Von den spezialisierten Milanen frißt der Langschnabelmilan, ein anderer Greif des tropischen Amerikas, grundsätzlich Landschnecken, wohingegen der eigentliche Schneckenweih, auch Schneckenmilan genannt, zu einer eigenen Gattung gehört. Dieser noch stärker spezialisierte Weih fahndet über Lagunen und Seen kreisend ausschließlich nach amphibisch lebenden Blasenschnecken einer Gattung. Dafür ist er mit entsprechenden Krallen und einem langen, gekrümmten Schnabel ausgerüstet. Er läßt sich mit der ergriffenen Schnecke auf einem Ast nieder und wartet, bis ihr Vorderleib aus der Schale ragt. Dann durchbohrt er sie mit seinem Schnabel und zieht die Schnecke aus dem Haus, wenn deren Muskulatur erschlafft. Sein Verbreitungsgebiet umfaßt Teile von Mittel- und Südamerika, Kuba und Florida (wo der Weih selten gesichtet und als Everglades-Schneckenweih bezeichnet wird). Ein enger Artverwandter ist der südamerikanische Hakenweih. Auf ganz andere Weise ist der Fledermausgleitaar oder Fledermausbussard spezialisiert, der in Asien und im tropischen Afrika vorkommt. Der einem Falken ähnelnde Aar jagt in der Abend- und Morgendämmerung über jedem offenen Gelände, wo er kleine Fledermäuse und Vögel wie Mauersegler und Schwalben mit verblüffender Geschicklichkeit fängt.

Die bevorzugte Beute des Wespenbussards sind Hautflügler, besonders die Faltenwespen und ihre Brut. Seinen Jungen bringt er die in bewohnten Waben lebenden Larven und Honig aus Bienenwaben. Altvögel fressen außerdem andere Insekten, kleine Säuge- und Kriechtiere. Der Wespenbussard ist ein verhältnismäßig großes Mitglied der Gruppe der Milane und weist unter den Greifvögeln die größte individuelle Variationsbreite des Gefieders auf. Oberflächlich gleicht er einem Bussard. Eine ziemlich ähnliche Art, der Malaien-Wespenbussard, kommt auf Celebes, Indonesien und den Philippinen vor. Der Papua-Wespenbussard in Neuguinea und der Schwarze Wespenbussard auf Neubritannien sind dagegen weniger spezialisierte Vögel einer anderen Gattung.

Unter den amerikanischen Milanen ist der schöne und elegante Schwalbenweih mit seiner schwalbenartigen Gestalt vielleicht der ungewöhnlichste Vogel. In den Vereinigten Staaten findet man ihn nur mehr in Florida; ansonsten erstreckt sich das Verbreitungsgebiet von Mexiko nach

Rechts: Vor Jahrhunderten war der Rotmilan ein häufiger Vogel in London. Heute jedoch findet man ihn nur noch in Waldgebieten.

Links: Schwarz- oder Schmarotzermilane bilden die tropischen Mitglieder der Echten Milane. Diese mittelgroßen (45–60 cm) Aas- und Abfallvertilger verzehren nahezu alles, was sie finden können. Verbreitung: Von Europa bis nach Asien und Australien.

Links: Ein Wespenbussard beim Abflug. Die Wespenbussarde sind mittelgroße Mitglieder (50–60 cm) der Milangruppe. Wespen, Bienen und deren Larven sind ihre bevorzugte Kost.

Oben: Der Palmgeier ist ein eigentümlicher Greifvogel, dessen Nahrung in der Hauptsache aus den Hülsen der Öl- oder Raphia-Palmfrüchte besteht. Allem Anschein nach stellt er das Verbindungsglied zwischen den Seeadlern und den Altweltgeiern dar.

Argentinien. Im niedrigen Flug fängt er Insekten, die er fliegend verzehrt, wobei sein langer, fast bis zum Grunde gegabelter Schwanz beträchtlich seine Beweglichkeit erhöht. Der Schwalbenweih stürzt auch plötzlich in Bäume herab, um Eier, Nestjunge, Schlangen und Eidechsen zu rauben. Der afrikanische Schwalbengleitaar ist enger mit den Gleitaaren *(Elanus)* verwandt als mit der letztgenannten Art, ein viel kleinerer, aber ebenso eleganter Greif der Halbwüsten und Savannen. Insekten spielen in seiner Ernährung die Hauptrolle, aber auf dem Speisezettel des Schwalbengleitaars stehen zudem kleine Säuge- und Kriechtiere.

Der winzige Perlenweih gleicht in seinem Gesamtaussehen einem Falken. Sein Lebensraum ist der offene Savannenwald Südafrikas. Neben Insekten erbeutet er Eidechsen und kleine Vögel, die ansonsten nicht zur Beute der Milane zählen. Vier kleine langschwingige Milane mit einem ziemlich kurzen und abgerundeten Schwanz bilden die Gattung Gleitaare *(Elanus)*. Alle haben in etwa das gleiche graue, schwarze und weiße Gefieder, haben sich der gleichen Beute und Jagdtechnik verschrieben. Gleitaare schätzen das offene Gelände und jagen von hervorragenden Sitzen aus oder aus der Luft, wo sie häufig platzrütteln, um ihre auf dem Boden lebende Beute zu suchen. Sie stehen dann gewissermaßen in der Luft und mustern den Grund nach kleinen Säugetieren, Reptilien, Vögeln und Insekten ab. Der Weißschwanzgleitaar lebt im Süden der Vereinigten Staaten und in Südamerika, der Schwarzflügelgleitaar ist von Afrika bis Südasien zu Hause, kommt aber auch in Portugal vor und taucht ausnahmsweise in Mitteleuropa auf. Australien besitzt zwei

Links: Weißkopfseeadler sind charakteristische Vertreter der acht großen und kräftigen Arten, die als Seeadler klassifiziert werden. Das Bild entstand in Alaska.

Greife der Gattung *Elanus,* den Australischen Gleitaar und den Schwarzachselgleitaar.

Eher träge Greifvögel sind der rostbäuchige Zahnweih und sein brasilianischer Vertreter, der Rotschenkelweih, beides kleine, schmalflüglige Vögel, die in den tropischen Niederwäldern Mittel- und Südamerikas leben, wo sie sich von Insekten und Eidechsen ernähren. Bewegter ist dagegen der im gleichen Raum verbreitete Süd- oder Grauschwebeweih, der mit seinen langen, schmalen Flügeln eher anmutig erscheint. Wie sein in den mittleren und südlichen Staaten der USA lebender Artgenosse, der Mississippi-Weih, gehört er zur Gattung *Ictinia,* beides Vögel, die hauptsächlich im Flug Insekten fangen.

Zwei eng verwandte Milane gibt es in Australien. Der Schopfmilan ist ein weihartiger Greif, der offenes Gelände oder Buschsteppen zu seinem Lebensraum gemacht hat, während der ein ähnliches Gebiet bevorzugende Haubenmilan im Gesamtbild einem Bussard gleicht.

Folgende Doppelseite: Die Altweltgeier sind mittelgroße bis sehr große Aas- und Abfallfresser. Man kann hier drei afrikanische Arten sehen: den Weißrücken- (links), den Sperber- (Mitte) und den Ohrengeier (rechts).

Die typischen Vertreter der Milane sind wohl die beiden großen Echten Milane *(Milvus)* mit ihren langen und gewinkelten Schwingen und die eng verwandten Milane der *Haliastur*-Gattung. Der bekannte Schwarz- oder Schmarotzermilan ist ein vertrauter und verbreiteter Abfallvertilger, der fast alles frißt. Man kann den Schwarzmilan in Europa und Afrika, in Südasien bis Südchina, in Neuguinea und Australien finden. Er ist ein häufiger Vogel in den Entwicklungsländern, wo er die Umgebung menschlicher Siedlungen aller Art bevölkert. Der schöne Rotmilan war allem Anschein nach der Milan, der in vergangenen Jahrhunderten in London sehr häufig war und jeden Abfall fraß. Grundsätzlich ist der Rotmilan heute ein Vogel des bewaldeten Geländes, hat jedoch in einem Ausläufer seines Verbreitungsgebiets, den Kapverdischen Inseln vor der Westküste Afrikas, den Charakter eines Allesvertilgers bewahrt. Hauptsächliche Nahrung sind kleine Säuger, Vögel, Insekten und Kriechtiere, während im Herbst und Winter ohne weiteres auch einmal auf Aas zurückgegriffen wird. Der Rotmilan kommt in weiten Teilen Europas, Kleinasiens und Nordwestafrikas vor. Eine bedrohte Population (Bevölkerung) in Großbritannien mit etwa 60 Exemplaren existiert noch in Mittelwales.

Der zweifarbige Brahminenweih in Indien, Südostasien und Nordaustralien zeigt eine große Vorliebe für Wassernähe, wo der bussardgroße Vogel häufig auf der Suche nach Fischen, Krabben, Fröschen, Insekten, kleinen Schlangen, angespültem Meeresgetier und Abfällen zu beobachten ist. Er ist ein großer Milan wie sein Artverwandter, der australische Pfeifweih, der auch wasserreiche Landschaften mit unterschiedlichster Beute bis hin zur Größe von Kaninchen vorzieht. Der Pfeifweih ist zudem ein ausgemachter Aasesser.

Acht große Raubvögel machen die Gattung Seeadler *(Haliaeëtus)* aus, die mit Ausnahme von Südamerika, Ozeanien und der Antarktis die ganze Welt besiedelt haben. Sie sind alle besonders auf Fischfang eingestellt, aber der wenig bekannte Salomonenseeadler auf den gleichnamigen Inseln ernährt sich hauptsächlich von Säugetieren und Vögeln. Der Bandseeadler, der fast den gesamten gemäßigten asiatischen Raum zu seinem Brutgebiet gemacht hat, ist im wesentlichen ein Allesfresser an großen Inlandseen und Flüssen, wogegen der schöne und laute afrikanische Schreiseeadler sowohl in diesen Lebensräumen wie in Küstennähe vorkommt. Auf Malagasy (dem ehemaligen Madagaskar) wird er durch den sehr ähnlichen Madagaskar-Schreiseeadler ersetzt. In Australien ist die Gattung durch den Weißbauchseeadler vertreten, dessen Verbreitung sich nach Westen über China bis Indien erstreckt. Auch dieser Seeadler nimmt Fische und Seeschlangen zur Beute. Der Wappenvogel der Vereinigten Staaten ist der Weißkopfseeadler. Der nordamerikanische Vetter ist ein großer beeindruckender Greifvogel, der vielerlei Beute schlägt, auch Aas frißt und das Verhalten vieler Seeadler teilt, die Jagd dadurch zu vereinfachen,

Oben: Der Ohrengeier – mit der größte Altweltgeier. Seinen Namen erhielt der metergroße Geier wegen der lappigen Seitenfalte am dunkelroten Kahlkopf; oben ist er eintönig dunkelbraun gefärbt, unten weiß und braun gestreift.

Rechts oben: Ein Bart- oder Lämmergeier, ein riesiger Vogel mit einer Flügelspanne von bis zu 2,7 m.

Rechts: Schmutzgeier – ein ausgewachsenes Exemplar im Flug und Jungvögel auf dem Boden – gehören zu den kleinsten Altweltgeiern.

daß er anderen Greifen die Beute abnimmt. Auf Grönland, in Nord- und Südosteuropa sowie in großen Teilen Nordasiens ist der Seeadler verbreitet, ein anderes großes und gewaltiges Mitglied dieser Gruppe. Wie sein Name sagt, ist der Riesenseeadler an den Küsten Nordostasiens der größte und massigste Vogel der Sippe. Er soll ein sehr beweglicher und kräftiger Greif sein, der Beutetiere bis zur Größe des arktischen Fuchses und junger Seehunde erlegen kann.

Die beiden Tauchadler *(Icthyophaga)*, der Kleine Fischadler (nicht zu verwechseln mit dem eigentlichen Fischadler der Unterfamilie *Pandioninae)* und der Weißschwanzfischadler sind mit den Seeadlern eng verwandt. In ihrer Sonderanpassung an eine bestimmte Ernährungsweise – Fischfang – gleichen sie dem eigentlichen Fischadler *(Pandion haliaëtus)* und haben wie dieser lange, nadelspitze Krallen und rauhe Schuppen auf den Zehensohlen, damit sie beim Stoßtauchen ihre nasse, schlüpfrige Beute mit den Fängen halten können. Beide sind Süßwasservögel und leben im Gebiet von Indien bis zu den Philippinen.

Von dem eigentümlichen Palmgeier nimmt man an, daß er das Bindeglied in der Stammesentwicklung zwischen den Seeadlern und den Altweltgeiern bildet. Äußerlich ähnelt er einem Seeadler. Aber Knochenbau und sein kleiner nackter Kopf verraten die Verwandtschaft mit dem ägyptischen Schmutzgeier. Aufgrund dieser sich widersprechenden Merkmale hat man ihm eine eigene Gattung *(Gypohierax)* zugeteilt. Der Palmgeier besiedelt die Savannen und Waldgebiete in West-, Zentral- und Ostafrika, wo Öl- oder Raphia-Palmen *(Elaeis guineensis)* wachsen. Die Hülsen der Palmfrüchte sind zwar seine bevorzugte Nahrung, aber der Palmgeier nimmt auch Weichtiere, Fische und Heuschrecken. Bei den Palmfrüchten zieht der Geier die Schale ab, das darunterliegende Fruchtfleisch wird gegessen, der Kern bleibt häufig zurück.

Vierzehn Geierarten kommen in den wärmeren oder entlegeneren Gebieten der Alten Welt vor. Die Hälfte gehört zur Gattung Gänsegeier *(Gyps)*, die den Bengal- und den Zwerggänsegeier, den Fahlgeier sowie den Indischen Geier, den Sperber-, Schnee- und Gänsegeier umfaßt. Alle sind große bis sehr große Geier, die ausschließlich Aas fressen. Der Lappengeier ist mittelgroß und verbringt wie alle Geier den Tag auf Ausschau nach Aas segelnd. Wie der afrikanische Wollkopfgeier ist er ein etwas ungeselliger Vogel, schätzt es nicht, wenn sich Geiergruppen auf Kadavern versammeln, was andere Geier nicht stört. Das häßlichste Mitglied der Unterfamilie Altweltgeier ist der große afrikanische Ohrengeier mit seinen unansehnlichen Hautfalten an den Seiten seines nackten blauroten Kopfes Der metergroße Ohrengeier verdrängt andere, insbesondere merklich schwächere Arten am Aas. Er jagt auch manche Beute für sich selbst – etwa Flamingos und ihre Jungen in den Brut-

Rechts: Der Indische Schlangenhabicht aus der Gattung der Schlangenhabichte jagt Reptilien einschließlich Giftschlangen und ist an diese Art des Nahrungserwerbes besonders angepaßt.

Oben rechts: Der Gaukler, ein afrikanischer Adler, ist vielleicht der buntgefiedertste Greif. Das Bild zeigt sehr schön, daß sein lateinischer Name ecaudatus *(schwanzlos) besonders treffend ist.*

Rechts: Der Afrikanische Schlangenadler aus der Gattung Schlangenadler.

kolonien. In Südeurasien ziehen sich die anderen Arten zurück – zumal wenn sie schwächer sind –, sobald der dunkelbraune Mönchsgeier erscheint. Dieser riesige Vogel ist der größte Altweltgeier und gehört mit zu den größten Greifen überhaupt. In Südeuropa ist er verhältnismäßig selten; unter Umständen kann man ihn auf der beliebten Ferieninsel Mallorca aber leicht beobachten.

Südlich der Sahara ist der Kappengeier weit verbreitet. Sehr häufig besiedelt er das Umfeld von Dörfern und Städten, wo er Abfall und Unrat aller Art vertilgt. Schaut man nach Geiern in Europa aus, so wird man am ehesten den Schmutzgeier erspähen, dessen Heimat sich von Südafrika bis Bengalen erstreckt. Auch der Schmutzgeier macht sich über frisches oder faulendes Aas, über alle möglichen Abfälle und gelegentlich über Kot her. Vom Aas nehmen diese beiden leichter gebauten Geier, was ihnen ihre größeren, mächtigeren Vettern an Resten hinterlassen. Außerdem weiß man, daß der Schmutzgeier Steine verwendet, um Straußeneier zu zerbrechen – das einzige Tier unter den Greifen, das ein Werkzeug verwendet.

Der einmalige Bart- oder Lämmergeier schließlich hat wenig Ähnlichkeit mit seinen aasfressenden Vettern. Mit seinen

Rechts: Singhabichte suchen ihre Beute auf dem Boden oder auf Ästen. Abgebildet sind der Helle Singhabicht (innen) und der schöner gefiederte Gabar-Habicht (außen). Seinen Namen verdankt der Singhabicht dem fast melodischen Gesang, den er im Flug hören läßt.

langen und schmalen Schwingen und seinem auffallend langen, keilförmigen Schwanz ist er generell ein Bergvogel, oft in extremen Höhen lebend. In Südeuropa, im Mittleren Osten und in Afrika ist der Bartgeier spärlich verbreitet, zahlreicher dagegen in Afghanistan, Tibet und Nordindien. Nur wenige Greifvögel kommen seinen Flugkünsten gleich. Er ist der einzige Vogel, der sich vorzugsweise von Knochen ernährt, die er durch Fallenlassen aus der Luft auf Felsen zerkleinert, um ans Mark zu gelangen.

Schlangen und Echsen zählen zur Beute verschiedener Greife. Ebenso wie bei Vögeln und Fischen gibt es Sonderanpassungen an diese Ernährungsweise, und zwar bei der Gruppe der Schlangenadler. In Südeuropa und vom Mittleren Osten bis nach Indien findet sich der Schlangenadler *(Circaëtus gallicus)*, oft in ziemlich freiem Gelände. Er taucht auch in Afrika auf, wo es drei weitere, mittelgroße bis kleine Schlangenadler gibt. Ihr Lebensraum reicht von offenen Gebieten bis zu eigentlichen Waldregionen. Anstelle der vier Circaëtus-Adler besiedeln die fünf Arten der Schlangenhabichte *(Spilornis)* das Gebiet von Indien bis Celebes und den Philippinen. Der Kongo-Schlangenhabicht ist ein mittelgroßer, kurzflügeliger Habicht, der sich auf das Leben in den tropischen Urwäldern im westlichen und mittleren Äquatorialafrika spezialisiert hat. Der Madagaskar-Schlangenhabicht, ein äußerst seltener und nahezu unbekannter Greif, ist ebenfalls ein Waldhabicht.

Zu den vorwiegend schlangenfressenden Arten zählt auch der Gaukler. Dieser ungewöhnliche Schlangenhabicht ist mit den eben erwähnten Vögeln verwandt, gleicht ihnen aber nicht im Aussehen. Greife sind in der Regel nicht bunt gefiedert, doch der Gaukler gehört zu den Ausnahmen. Mit seinem sehr kurzen Schwanz und den mächtigen Schwingen ist er ein einzigartiger Flugkünstler, der in der Luft nicht zu verwechseln ist. Mit hochgehobenen Flügeln gleitet der Gaukler über die Buschwälder, Savannen und Ebenen Afrikas, um plötzlich, sich beinahe überschlagend, weit herabzustürzen und dann in steilem Bogen wieder aufsteigend die Luft zu durchschneiden. Neben Reptilien und selbst Schildkröten jagt der Vogel auch kleinere Säugetiere und einige Vögel. Im Gegensatz zu anderen schlangenfressenden Arten verschmäht er Aas keineswegs als Kost.

Die Äthiopische Höhlenweihe ist ein ziemlich großer, in Wäldern lebender Vogel mit langen Schwingen. Einmalig unter den Raubvögeln ist ihre Jagdweise. Die Höhlenweihe klettert an Baumstämmen und Ästen herum, um die Nester kleiner, höhlenbrütender Vögel auszunehmen, wobei sie selbst an den Fängen kopfüber herunterhängt, damit sie ihre Beute erwischen kann. Zu ihrer Beutepalette gehören ansonsten verschiedene Insekten, kleine Kriechtiere und Säuger sowie die Früchte der Ölpalme. Eine andere, engverwandte Art kommt auf Madagaskar vor. In mancher Hinsicht ähnelt das Verhalten beider Arten der Sperberweihe Mittel- und Südamerikas, eine kurzflügelige Art, die ebensolche Beutetiere in Felslöchern und Baumhöhlen aufstöbert.

Weihen sind eine auf der ganzen Welt verbreitete Gruppe mittelgroßer habichtartiger Greife, die einen offenen Lebensraum vorziehen. Alle besitzen weite Schwingen und

einen langen Schwanz. Sie verbringen viel Zeit in der Luft auf schnellem, niedrigem Suchflug. Allerlei Säugetiere, Vögel, Insekten, Reptilien und Amphibien sind ihre Beute. Es gibt zehn Arten: Die Gesprenkelte Weihe lebt in Australien, wo sich auch die Rohrweihe findet. Diese in Deutschland häufigste Weihenart, wenn auch lokal fehlend, ist außerdem im übrigen Europa, in Asien und Nordamerika verbreitet. In der Südhälfte Afrikas nimmt die Afrikanische Rohrweihe ihren Platz ein, wohingegen sich die Verbreitung der Schwarzweihe auf Natal und die Kapprovinz Südafrikas beschränkt. Die Kornweihe, ein in Europa und Asien häufiger Vogel, ist die einzige Weihenart *(Circus)*, die auch in Nordamerika vorkommt. Südamerika kann sich der Langschwingenweihe und der Aschgrauen Weihe rühmen, die auch die Falkland-Inseln besiedelt. Die Wiesen- und die Steppenweihe sind Eurasier; die Steppenweihe brütet allerdings nicht in Westeuropa. Dagegen nistet die Wiesenweihe auch in Nordafrika. Die hübsche Schwarzweißweihe kann man in Nordasien und Birma beobachten.

Drei mittlere bis kleine afrikanische Habichte machen die Gattung *Melierax* aus. Zwei, der Dunkle und der Helle Singhabicht, gleichen sich sehr, haben aber verschiedene Lebensräume. Der Dunkle Singhabicht bewohnt Busch- und Waldgebiete, sein hellerer Artgenosse ist in Halbwüsten zu Hause. Beide fressen Reptilien und Insekten am Boden, sowie einige Säugetiere und Vögel. Der Gabar-Habicht ist kleiner. Er gleicht dem Sperber sowohl im Aussehen, wie darin, daß er Kleinvögel auf Verfolgungsjagden greift.

Drei Arten, alle aus verschiedenen Gattungen, sollten noch erwähnt werden, ehe wir uns der großen Gattung *Accipiter* zuwenden. Alle drei Arten sind eng mit den eigentlichen Habichtsvögeln verwandt. Der Doria-Habicht aus Neuguinea ist ein großer Waldhabicht, der allem Anschein nach hauptsächlich Vögel greift, über den man aber fast nichts weiß. Dasselbe gilt auch für den Australischen Habicht, weil der in Australien lebende Vogel äußerst selten ist. Entsprechend wurde er bislang kaum beobachtet. Mit seinen langen Schwingen ist er dem Leben in lichten Wäldern und in der Buschlandschaft angepaßt, ernährt sich da in der Hauptsache von mittelgroßen Vögeln. Den Langschwanzhabicht findet man in den Urwäldern Westafrikas. Seine Beute sind Baumhörnchen und Kleinvögel, die er beide in den Wipfeln der Urwaldbäume jagt. Abgesehen von seinem ungewöhnlich langen Schwanz entspricht dieser Greifvogel ansonsten den Echten Habichten.

Die über die ganze Welt verbreitete Gattung *Accipiter* umfaßt 47 Arten. Es sind die Sperber und die Habichte (so die bekanntesten Gattungsnamen), die diese formenreichste Gattung der Greife bilden. Die Sperber sind verhältnismäßig klein und langbeinig, während ihre Artgenossen größer und kräftiger sind. Relativ kurze, runde Flügel und der ziemlich lange Schwanz macht alle Arten zu gewandten Jägern im geschlossenen Wald, wo sie mit erstaunlicher Geschwindigkeit und jähen Flugwendungen ihre Beute schlagen. Fast alle sind eher reine Vogeljäger als irgendeine andere Greifvogelart. Manche Habichtarten greifen auch Säugetiere, insbesondere

Oben: Der Eckschwanzsperber ist ein typischer kleiner Sperber aus der Gattung Accipiter, *ein kühner Vogeljäger mit kurzen Schwingen und einem langen Schwanz, ein Raubvogel, der auf die Jagd in Waldgelände und dichtem Gebüsch spezialisiert ist.*

Rechts: Der Habicht ist ein kräftiger, sich schnell bewegender Jäger, den man in Waldgebieten und Wäldern über weite Teile Eurasiens und Nordamerikas findet. Das abgebildete ausgewachsene Weibchen ist ein großer Vogel, was schon ein Vergleich mit der toten Taube in der Abbildung zeigt.

Links: Der Heuschreckenbussard (35–40 cm) ist ein habichtartiger Greif mit langen Flügeln, der offenes Gelände vorzieht. Er ist ein Insektenfresser, der aber auch Eidechsen und Kleinsäuger verspeist.

Baumhörnchen, während bei anderen wiederum verschiedenartigste Reptilien und Amphibien, Insekten und sogar Schnecken auf der Speisekarte stehen. Zum Leidwesen der Menschen sind einige Habichtarten auch geschickte Hühnerjäger. Viele Raubvögel weisen einen deutlichen Größenunterschied zwischen Weibchen und Männchen (Terzel) auf. Das Weibchen pflegt beträchtlich größer und stärker zu sein. Dieses Merkmal ist bei der Gattung *Accipiter* besonders ausgeprägt. Bei manchen Arten kann das Weibchen sogar doppelt soviel wiegen wie der Terzel.

Unser Habicht *(Accipiter gentilis)* ist der Grundvertreter der größeren Formen, ein bussardgroßer Waldhabicht, der ohne weiteres Beute bis zu Hühnergröße erlegen kann. Ansonsten zeigt er sich als gewandter und erfolgreicher Jäger, dem Säugetiere wie Kaninchen und Eichhörnchen zum Opfer fallen. Die Verbreitung erstreckt sich über Eurasien und Nordamerika. Der Afrikanische und der Australische Habicht sind die entsprechenden Arten in diesen beiden Regionen. Eine andere australische Art, der Weißbrauen- oder Eidechsenhabicht, gehört hervorgehoben, weil einige Individuen während ihres Lebens ein reinweißes Gefieder haben. Diese Erscheinung wird als eine weiße Phase bezeichnet, einmalig innerhalb der Gattung *Accipiter.* Allerdings machen einige Arten eine Phase dunkler Gefiederfärbung durch.

Der Sperber oder der verwandte Rundschwanzsperber und der Eckschwanzsperber in Nordamerika sind typische Vertreter der vielen, überall auf der Erde verbreiteten Sperberformen. Sie sind kühne und flinke kleine Vogeljäger, die ihre Beute im Flug oder auf dem Boden überwältigen. Zusätzlich ernähren sich die Sperber von Kleinsäugern und Echsen. Viele Arten sind auf die Echsenjagd am Boden spezialisiert. Der indonesische schwanzgefleckte Habicht scheint dafür eine Sonderanpassung entwickelt zu haben. In den Bergen Celebes' lebt der seltene Celebes-Zwerghabicht, der auch Schlangen frißt. Der Afrikanische Zwergsperber ist ein äußerst geschickter Insektenfänger, was ebenso für einige andere seiner Artgenossen gilt. Wohl am stärksten spezialisiert ist der Graue Froschhabicht in Korea und Ostchina. Viele Habichte jagen gelegentlich im offenen Gelände, eine Form der Beutesuche, die beim Froschhabicht allerdings die Regel ist.

Zur Gattung *Butastur* gehören vier mittelgroße Habichtarten mit langen Schwingen in Afrika und im tropischen Asien. Wie der Name nahelegt, bevorzugt der Heuschreckenbussard Insekten als Beute, auch wenn er sicherlich einige Echsen und Kleinsäuger nimmt. Einen ähnlichen Speisezettel haben der Weißaugenbussard und die beiden anderen asiatischen Arten, der Graugesicht- und der Rotflügelbussard. Der Graugesichtbussard bewohnt mehr bewaldete Gebiete, während seine Artgenossen offene Landschaften vorziehen.

Der afrikanische Kehlstreifbussard, ein Vogel dichtbewaldeten Geländes, ernährt sich mit Vorliebe von Eidechsen, die er auf dem Boden, auf Bäumen, auf Felsen und Mauern erlegt. Ebenso gerne verspeist er Schlangen, Kleinsäuger, größere Insekten und Vögel.

Eine Gruppe mittelgroßer bis verhältnismäßig kleiner, bussardartiger Habichte kommt im tropischen Südamerika vor: die zehn Arten der Gattung *Leucopternis.* Alle sind Waldvögel oder bevorzugen Gegenden mit gutem Baumbestand, ernähren sich von Eidechsen und Schlangen. Ansonsten ist nur wenig über ihr Verhalten bekannt. Wie viele südamerikanische Raubvögel würden es auch diese Greife verdienen, weiter erforscht zu werden. Am meisten weiß man vermutlich über den auffälligen und schönen Weißbussard, ein relativ häufiger Vogel in Südmexiko bis Brasilien.

Der Krabbenbussard der Gattung Schwarzbussarde *(Buteogallus)* ist vom Südwesten der Vereinigten Staaten bis in die nördlichen Teile Südamerikas meist in Küstenniederungen zu Hause. Außerdem hat er die Antillen und Kuba zu seiner Heimat gemacht. Die Nahrung des Krabbenbussards bilden Kriechtiere, Krabben, Frösche, Fische, Insekten und Kleinsäuger. Der verwandte Schwarzbussard der amerikanischen Tropen schätzt in etwa dieselbe Beute und bevorzugt ebenso wasserreiche Gebiete. Ein weiterer Schwarzbussard, der rotbraune Krabbenbussard aus den Küsten- und Mangrovenwäldern Venezuelas, hat sich besonders auf eine Kost spezialisiert: Er lebt fast ausschließlich von den Krabben der Mangroven.

Den von Mexiko bis über weite Teile Südamerikas verbreiteten Einsiedleradler finden wir an Berg- und Hügelhängen, und zwar auch dann, wenn dichter Wald die Berge und Hügel bedeckt. Über diesen großartigen Vogel weiß man kaum etwas, außer daß er sicher ein Schlangen- und Vogeljäger ist. Der Streitaar aus derselben Gattung *Harpyhaliaëtus* kommt ebenso in Südamerika vor, wo er freies, nur vereinzelt mit Bäumen bestandenes Gelände schätzt. Allem Anschein nach bilden hauptsächlich Kleinsäuger, Vögel und Kriechtiere seine Nahrung.

Rechts: Der rotbraune Froschbussard mit der im Sperbermuster gezeichneten Unterseite und dem mit zwei weißen Binden geschmückten Schwanz ist in großen Teilen Südamerikas zu Hause. Der langflügelige und langbeinige Vogel schätzt wasserreiche Savannen und Sumpfgebiete.

Von Panama bis Nordargentinien dehnt sich die Heimat des Froschhabichts aus, ein hochbeiniger, langflügliger Greifvogel, dessen Beute insbesondere Fingerfrösche bilden. Zusätzlich gehören Kleinsäuger, Fische und Reptilien zu seiner Kost. Dagegen weist der bunte, kräftig gebaute Schwarzhalsbussard eine Sonderanpassung an gewässerreiche Lebensräume auf, ein oft durch Stoßtauchen jagender Fischfänger, der in den tropischen Niederungen von Mexiko bis Argentinien und Paraguay häufig anzutreffen ist.
Die gedrungene, kurzschwänzige Aguja mit ihren breiten Schwingen besiedelt das Hochland im Westen Lateinamerikas und die niedriger gelegenen Regionen bis nach Feuerland im Süden. Ihre Beute sind Säugetiere (meist Nager), auch Insekten und Aas. Vermutlich ist sie eng mit den Bussarden der Gattung *Buteo* verwandt, was auch für den Wüstenbussard gilt. Den mittelgroßen, langflügligen Vogel, der offene oder teilweise bewaldete Lebensräume schätzt, findet man vom Südwesten der Vereinigten Staaten bis nach Südamerika. In der Hauptsache greift er Nagetiere, ist aber ein

Links unten: Ein Schakalbussard beim Füttern eines sehr kleinen Jungen. Diese afrikanische Art besiedelt hauptsächlich Gebirgsregionen, kommt aber auch im offenen, ebenen und im landwirtschaftlich genutzten Gelände vor.

Rechts unten: Der Rotschulterbussard, ein Beispiel für die große Bussardgruppe (buteo), die in Nordamerika vorkommt. Dieser mittelgroße Greif (40–50 cm) jagt Fische und amphibisch lebende Tiere sowie verschiedene Säuger und Vögel.

Links: Die Harpyie gehört zu den sehr großen (91–100 cm), kurzflügeligen Waldadlern. Sie jagt in den Urwaldgebieten Mittel- und Südamerikas nach baumbewohnenden Säugetieren, unter anderem Affen und Faultiere.

Oben: Der eurasische und nordamerikanische Zwergadler ist ein Habichtadler im leicht bewaldeten und offenen, hügeligen Gelände. Dieser kühne Jäger verfolgt kleine bis mittelgroße Säugetiere und Vögel.

rascher und gewandter Vogeljäger und wird wohl auch oft Eidechsen zu seiner Beute rechnen.
25 Mitglieder umfaßt die Sippe der Bussarde *(Buteo)*, fast immer mittelgroße Greife mit breiten Schwingen, ungewöhnlich geschickte Segler, für die der Tisch reichhaltig gedeckt ist. Man nimmt an, daß sich diese Gattung in Südamerika entwickelte. In der Neuen Welt kommt nämlich auch die überwiegende Mehrzahl der Bussardarten vor, im ganzen siebzehn miteinander verwandte Arten. Der kleinere Graubussard (Verbreitung von Arizona bis Südamerika) und der Rotschnabelbussard (Mexiko bis Argentinien) sind die ursprünglichsten Gattungsvertreter, möglicherweise Verwandte der schon erwähnten *Leucopternis*-Sippe. Fünf mittlere bis kleinere Arten, unter anderem der Rotschulter-, Breitschwingen- und Kurzschwanzbussard in Teilen der Vereinigten Staaten, bilden eine eigene Untergruppe, die gut bewaldete Lebensräume bevorzugt. Eine andere Untergruppe setzt sich aus fünf größeren Bussardarten zusammen, die offene Landschaften in der Neuen Welt schätzen. Dazu zählen der nordamerikanische Präriebussard und der wendige Galapagos-Bussard.
Zu den übrigen Mitgliedern der Gattung gehören der hübsche Bandschwanzbussard im Südwesten der USA und in Teilen Mittelamerikas, der nordamerikanische Rotschwanz- und der im selben Gebiet lebende Königsbussard, sowie alle in der Alten Welt vorkommenden Arten. Über ganz Eurasien ist der bekannte Mäusebussard in allen seinen Unterformen verbreitet. Der Rauhfußbussard aus den arktischen und subarktischen Regionen stellt insofern eine Ausnahme dar, als er sowohl in Europa wie in der Neuen Welt brütet. Von Zugvögeln abgesehen, weist Afrika drei Arten auf. Auf Malagasy (Madagaskar) lebt eine vierte. Der Hawaii-Bussard ist ausschließlich auf dieser Insel zu Hause; früher war er wahrscheinlich einmal ein Insektenfresser, der sich freilich heute auf die Jagd nach den vom Menschen eingeführten Ratten spezialisiert hat.
Die Echten Adler machen eine große und artenreiche Gattung aus, wobei die ersten vier Arten, die massigen, verhältnismäßig kurzflügligen Waldadler, besonders beeindruckende Vertreter sind, die allerdings nur selten in freier Wildbahn beobachtet werden können. Die gewaltige, metergroße mittel- und südamerikanische Harpyie stürzt sich in jähem, gewandtem Angriff auf Faultiere, Affen und andere baumbewohnende Säuger. Der etwas kleinere, aber gleichermaßen beeindruckende Würgadler, ohne Zweifel ein enger Verwandter der Harpyie, ist ein ebenso wendiger Jäger von Baumtieren. Beide Greife sind wahrscheinlich mit zwei dem Aussterben nahen Arten verwandt, mit dem Harpyienadler (von diesen vier Arten schätzungsweise der Vogel, von dem man am wenigsten weiß) und mit dem riesigen Affenadler, der zu den seltensten und am meisten bedrohten Greifarten zählt.
Die genaue Stammesentwicklung des ungewöhnlichen Malaienadlers ist eine offene Frage. Allerdings gleicht das Erscheinungsbild dieses Adlers mit seinen langen Schwingen einem Echten Adler. Von Indien bis zum Malaiischen

Links oben: Der Schopfadler ist häufig ein zahmer Vogel, ein Kennzeichen afrikanischer Straßenränder. Seine Kost bilden Kleinsäuger, Kriechtiere und Insekten.

Rechts oben: Der beeindruckende Kampfadler (81–96 cm) ist der größte afrikanische Adler. Trotz seines kriegerischen Namens schlägt der Kampfadler nur Beute bis zur Größe von Ziegenlämmern. Auch hier dürfte der auf eine Knochenkante überm Auge zurückgehende »Adlerblick« bei der Namensgebung Pate gestanden haben.

Archipel bewohnt der auch Schwarzadler genannte, bussardgroße Vogel immergrüne Bergwälder. In einem eigentümlich langsamen und gemächlichen Schwebeflug sucht er das Gelände nach Vogelnestern mit Eiern oder Jungen ab. Außerdem lebt er von kleineren Säugetieren, Vögeln, Fröschen und großen Kerbtieren.

Für viele Vogelfreunde sind seltsamerweise nur die Greife der Gattung *Aquila* wirkliche Adler, eine Verkürzung, die den vielen herrlichen Adlern der übrigen Gattungen kaum gerecht wird. Freilich sind die neun oder zehn Echten Adler tatsächlich beeindruckende Vögel mit gefiederten Läufen, kräftigem Hakenschnabel, langen, breiten Schwingen und dem sprichtwörtlichen, auf einer Knochenkante beruhenden »Adlerblick«. Einige Adler gehören zu den größten Flugkünstlern aller Raubvögel. Unter den *Aquila*-Arten finden sich auch großartige Jäger (Säuger und Vögel mittlerer Größe) und gelegentliche Aasesser und zumindest ein häufig echter Abfallvertilger.

Der bekannteste von ihnen ist der Steinadler der eurasischen und nordamerikanischen Hochgebirge, ein Vogel, dem sich die Greifvogelkunde mit am häufigsten zugewandt hat. In Afrika nimmt der Kaffernadler, das schönste Mitglied der Gattung, seinen Platz ein. Der größte Echte Adler ist der Kaiseradler (Eurasien), der offenes Flachland bevorzugt. Seine spanischen Exemplare zählen zu den seltensten europäischen Vögeln. Die beiden auch in Eurasien heimischen Schelladler sind verhältnismäßig kleine Arten in waldreichen Lebensräumen. Dagegen wählt der afrikanische Silberadler in Savannen- und Buschgebieten sein Zuhause. Die Raubadler – manchmal als zwei Arten, dann wieder als nur eine behandelt – lassen sich grundsätzlich in niedriggelegenem, offenem Gelände blicken, neigen mehr zum Aasfressen und Abfallvertilgen als andere Adlerarten. Am wenigsten weiß man über den Gurney-Adler auf Neuguinea und den anderen Inseln dieser Region. Im Gegensatz dazu hat der große australische Keilschwanzadler beklagenswerte Berühmtheit durch den verhängnisvollen Ruf erlangt, ein erbarmungsloser Feind der Lämmer zu sein, was freilich meistens jeglicher Grundlage entbehrt.

Eine Anzahl kleiner oder mittelgroßer Adler werden als Habichtsadler bezeichnet. Allerdings gehören sie zu vier verschiedenen Gattungen. Die fünf *Hieraaëtus*-Adler sind wendige, langflüglige Vögel eines locker bewaldeten Lebensraums. Der eurasische Habichtsadler hat einen afrikanischen Vetter mit gleichem Namen, ein Liebhaber von Wäldern und Baumsteppen. In Nordafrika und Eurasien kommt der

Rechts: Drohverhalten bei einem als Beizvogel abgerichteten Kronenadler. Der große und sehr starke Adler (in der Abbildung sitzt er auf einer sogenannten Blockjule, auf die ein Falkner seinen Beizvogel zum Lüften, Baden und Sonnen stellt) ist ein typisches Beispiel für eine Gruppe großer, kurzflügeliger Waldadler, die mittelgroße Vögel und Säugetiere wie Affen jagen.

Zwergadler vor, in Australien und Neuguinea der Kleinadler. Alle töten bis zu mittelgroße Säuger und Vögel. Der schöne Rotbauchzwergadler in Indien und Südostasien ist dagegen besonders auf relativ große Waldvögel spezialisiert, der afrikanische Ayres-Habichtsadler jagt Kleinvögel.
In den Tropen der Neuen Welt lebt der verhältnismäßig unbekannte Schwarz-Weiß-Habichtsadler, der aller Wahrscheinlichkeit nach mittelgroße Säuger und Vögel jagt. Kleinsäugern, aber auch kleineren Kriechtieren und Insekten stellt der eigenartig aussehende Schopfadler nach.
Die zehn, zwischen klein und mittelgroß variierenden Mitglieder der Sippe Haubenadler *(Spizaëtus)* sind grundsätzlich Waldgreife mit verhältnismäßig kurzen Schwingen. Viele tragen Hauben. Zu den Beutetieren gehören bis zu mittelgroße Säuger und Vögel, der Größe des Adlers entsprechend. Wie bei vielen von Südostasien bis Borneo lebenden Arten weiß man wenig über ihre Lebensweise und ihr Verhalten. Das gilt auch für die einzige afrikanische Art, den Afrikanischen Haubenadler. Der Nepal- oder Berghaubenadler ist der größte und kräftigste Vertreter dieser Gattung. Von den beiden in den Tropen Amerikas heimischen Arten gilt der Prachthaubenadler häufig als der Greifvogel mit dem schönsten bunten Federkleid.
Drei große, beeindruckende Adler sollten noch erwähnt werden: Der Glanzhaubenadler ist ein großer, starker Vogel in den bewaldeten Hängen der Anden. Wahrscheinlich ernährt er sich vor allem von baumbewohnenden Säugern und von Vögeln. Der Kampfadler ist der größte afrikanische Adler, ein Bewohner der Baumsteppen und Savannen, der Beute bis zur Größe einer Trappe, eines Rebhuhns oder kleinerer Antilopen schlägt. Gelegentlich nimmt er auch Geflügel. Der etwas kleinere, auch in Afrika heimische Kronenadler ist ebenso eine sehr kräftige, Wald liebende Adlerart, die Säugetiere wie Affen und kleinere Antilopen schlägt.
Innerhalb der Greifvogelsystematik ist die Klassifizierung des ungewöhnlichen, fast grotesken Sekretärs umstritten, der

Oben: Der langbeinige, auf dem Boden lebende Sekretär bereitet den Zoologen schon sehr lange Kopfzerbrechen: Zwar wird dieser Vogel in der Regel als Greifvogel klassifiziert, aber einige Fachleute sind der Ansicht, daß der Sekretär mit den Kranichen verwandt sei. Seinen Namen verdankt der den »sekretärhaft« abgespreizten »Federn hinterm Ohr«. Mit weiten Schritten, oft mit halbausgebreiteten Schwingen fängt der Sekretär seine Beute im Laufen.

Oben: Der Karakara ist ein hochbeiniger Geierfalke, der enger mit den Falken als mit anderen Greifvögeln verwandt ist (weshalb er auch zur Unterordnung Falkenartige gerechnet wird) – trotz seiner Vorliebe für Abfälle und Aas und der Tatsache, daß der Karakara am Boden nach Nahrung sucht.

womöglich mit den Kranichen verwandt ist. In der Regel erhält der Sekretär eine eigene Unterfamilie *(Sagittariidae)*. Der Sekretär ist groß, ähnelt teilweise einem Adler, besitzt außergewöhnlich lange Beine und ergreift seine Beute am Boden laufend. Mit langen Schwingen zum kraftvollen Flug befähigt, hält er sich meistens auf der Erde auf und jagt Kleinsäuger, Insekten sowie Vögel und Reptilien. Sein Ruf als ausgezeichneter Schlangenjäger ist voll gerechtfertigt, doch bilden Schlangen normalerweise nicht seine Hauptbeute.

Unterordnung Falken (Falconidae)

Hier finden wir vier Hauptgruppen: die Karakaras, die Waldfalken, die Zwergfalken und die sogenannten Echten Falken der Gattung *Falco*.
Die Karakaras sind amerikanische Geierfalken (Mittel- und Südamerika), die im allgemeinen in offenem bis leicht bewaldetem Gelände angetroffen werden. Es gibt kleine und schlanke Karakaras bis hin zu Formen ansehnlicher Größe und beträchtlicher Kraft. Sie besitzen meistens schwache Schnäbel und Fänge, halten sich lange Zeit am Boden auf, wofür die hochbeinigen Vögel gut ausgerüstet sind. Die Variationsbreite der Beutepalette, meistens kleine Tiere, ist bei der Geierfalkengruppe sehr groß. Einige sind teilweise Pflanzenfresser. Die Mehrzahl streift das Gelände nach Abfällen und Aas ab, andere halten Ausschau nach schwachem und krankem Vieh, bis hin zur Größe eines ausgewachsenen Schafes. Der im Süden der Vereinigten Staaten verbreitete, 60 cm lange Karakara ist ein starker Raubvogel, der auch anderen Räubern die Beute abjagt. Er ist auch der Nationalvogel Mexikos. Zu den tropischen, auf Bäumen lebenden Arten gehört der Rotkehlkarakara, dessen Nahrung wohl die seltsamste Falkenbeute ist. Wespen- und Bienenlarven sind seine spezielle Kost, wobei er die Nester mit seinem dünnen Schnabel straflos ausräubert; gelegentlich frißt er auch Früchte.
Ein weiteres Beispiel für eine Sonderanpassung in der Ernährungsweise ist der mittel- und südamerikanische Lachfalke, der erste der Abweichenden Falken. Bewaldetes Gelände bewohnt dieser eher plump wirkende Vogel mit seinen habichtartigen kurzen Schwingen, der in der Dämmerung ein lautes Gelächter ertönen läßt. Der Lachfalke ist ein Schlangenfresser, der auch große Exemplare oder Giftschlangen nicht ausläßt. Zusätzliche Kost sind Eidechsen. Möglicherweise ist er ein Verwandter der Waldfalken aus der Gattung *Micrastur*, deren Heimat ebenfalls die tropischen Gebiete Mittel- und Südamerikas sind. Hauptbeute bilden wahrscheinlich Vögel, aber vom Kappenwaldfalken weiß man, daß er auch Kleinsäuger und Kriechtiere schlägt. Vorläufig läßt man fünf Arten gelten. Zwei sind selten, eine andere praktisch unbekannt.
Zwergfalken sind sehr kleine Raubvögel, die in den Tropen zu Hause sind. Der einzige amerikanische Vertreter ist der Tropfen-Zwergfalk, dessen Wohngebiet die Grasebenen und Halbwüsten Argentiniens sind – wiederum handelt es sich um eine ziemlich unbekannte Art, die sich von Vögeln ernähren soll. In Afrika jagt der Halsbandzwergfalk hauptsächlich Insekten, nimmt aber auch mit Kleinsäugern und Vögeln vorlieb. Seinen Lebensraum finden wir in den trockenen, weiträumigen Landschaften Ost- und Südafrikas. Der südwestasiatische Fielden-Zwergfalk gleicht ihm sehr. Die fünf winzigen Greife der Gattung *Microhierax*, unter ihnen der nur 15 cm große Finkenfalk, sind in der Region von Indien bis zu den Philippinen heimisch. Diese buntgefiederten Vögel schätzen unterschiedlich dicht bewaldete Lebensräume, wo in der Regel Insekten auf ihrer Speisekarte stehen. Wie auch andere seiner Artgenossen erlegt insbesondere der größte Vertreter der Gattung, der Trauer-Zwergfalk, daneben Kleinsäuger und Vögel. Zu seiner Beute zählen außerdem noch Kriechtiere.
Die große Gattung der Echten Falken *(Falco)* schließlich umfaßt 37 Arten. Merkmale sind die langen, spitzen Flügel, die zahnartige Ausbuchtung des Oberschnabels und die allgemein kurzen Läufe.
Alle Turmfalken haben mehr oder minder dieselbe Lebensweise: zierliche Falken im großteils offenen Gelände, wo viele auf der Beutesuche rüttelnd in der Luft stehen. Zwar

jagen einige Arten regelmäßig winzige Vögel und Kriechtiere aber Kleinsäuger und unterschiedlich große Insekten machen die Hauptnahrung der Turmfalken aus. Zu dieser Gruppe rechnen viele Inselarten, die zweifellos alle eng miteinander verwandt sind. Einer, der Mauritius-Turmfalk, muß als der seltenste Vogel der Erde gelten. Er ist nahezu ausgestorben; im Jahre 1974 lebten nicht einmal mehr zehn Exemplare. Unser Turmfalk (Verbreitung Eurasien und Afrika, Hauptnahrung Kleinnager) gehört zu den bekanntesten Arten, er ist der häufigste Greifvogel unserer Heimat. In Amerika nimmt der Buntfalk überall in etwa denselben Platz ein. Der gesellige, eurasische Rotfußfalk ist mit den Turmfalken eng verwandt.

Der Merlin (in den Vereinigten Staaten Taubenhabicht genannt), der kleinste europäische Falke, ist im offenen Ödland Nordeuropas, Asiens und Nordamerikas weit verbreitet, ein schnellfliegender Vogelfänger. In Indien und Afrika nimmt ein ähnlicher Greif, der Rotkopfmerlin, ungefähr seine Stelle ein, der auch Bodentiere wie Eidechsen schlägt.

Die Gruppe der Baumfalken umfaßt etwa ein Dutzend Arten sehr schnell fliegender, schnittiger Falken, die meistens ihre Beute im Fluge packen. Die Verbreitung erstreckt sich bei den Baumfalken von Europa und Afrika bis nach Asien und Australien. Viele sind Insektenfresser. Wie andere Raubvögel mit einer ähnlichen Ernährungsweise jagen sie häufig in der Dämmerung. Viele können die wendigsten kleinen Vögel wie die Schwalben und die reißend schnellen Segler im Flug ausstechen und erlegen. In Europa und Asien ist der Europäische Baumfalk vielleicht die bekannteste Art. Der etwas größere im Mittelmeerraum heimische Eleonorenfalk ist ebenfalls erwähnenswert. Brut- und Aufzuchtzeit fallen bei dieser geselligen Falkenart genau in die herbstliche Wanderungsperiode der europäischen Zugvögel, so daß die Jungen reichlich mit kleineren Zugvögeln gefüttert werden können. Der ungewöhnliche austra-

Oben: Der Australische Turmfalke. Bei der Jagd streichen Falken im Ruderflug übers Gelände und unterbrechen ihren Flug durch das typische rüttelnde Verharren.

Links oben: Der eigentümliche Lachhabicht, der nachts und in der Dämmerung ein schallendes Gelächter ertönen läßt, ist ein Liebhaber von Schlangen.

Links unten: Der Rotkopfmerlin lebt in offenem Gelände in Indien und Teilen Südafrikas.

Rechts oben: Nur 19 cm ist der afrikanische Halsband-Zwergfalke lang und damit der kleinste Greifvogel.

Rechts unten: Der Buntfalke ist ein anderer typischer Turmfalk, ein wendiger Insektenjäger, mit der häufigste Greifvogel in der Neuen Welt.

lische Braunfalk mit seinen langen Läufen und der schöne amerikanische Aplomado-Falk jagen Säuge- und Kriechtiere am Boden, während eine andere Art des tropisch-amerikanischen Festlands, der Fledermaus- oder Eilfalk, auch Fledermäuse ergreift, eine seltene Beuteart für die meisten Baumfalken.

Die nächste Gruppe bilden fünf mittlere bis große Falken. Der Lannerfalk (Afrika, Südosteuropa und Kleinasien) ist ein Vogeljäger; dagegen sind Säugetiere und einige Reptilien die Beute des asiatischen Laggarfalkens und des nordamerikanischen Präriefalkens. Säuger sind die Hauptnahrung des eurasischen Würgfalkens. Außer auf Vögel macht der Gerfalk, der stattlichste und stärkste Falk, auch auf Säugetiere Jagd. Bei diesem Großfalk gibt es wie bei einigen anderen Raubvögeln eine Reihe individueller Färbungsvariationen, wobei diese Unterschiede bei Exemplaren auftauchen, die in verschiedenen geographischen Regionen leben. Einen fast reinweißen Gerfalken findet man in Grönland. Er ist dem Leben in der Arktis angepaßt und kommt fast in allen Polargegenden vor.

Der Wanderfalk und seine drei engen Vettern beschließen diese Unterordnung: Der Rotbrustfalk kommt in Mexiko und Südamerika vor; der Taitafalk ist ein seltener Greifvogel Ost- und Zentralafrikas; der Kleinschmidt-Falk gehört wahrscheinlich zu den unbekanntesten Greifvögeln. Man hat ihn aufgrund einiger weniger Exemplare beschrieben, die in Feuerland zu Hause sind. In der Tat stellt der Wanderfalk einen Höhepunkt der Falkenentwicklung dar, denn er hat sich mit seinen vielen, festumrissenen, geographischen Unterarten die ganze Erde zur Heimat gemacht. Wanderfalken gehören mit ihren herrlichen Flugkünsten und dem kräftigen Körperbau sicherlich zu den geschicktesten Jägern unter allen Tierarten. Im Fluge ergriffene Vögel jeder Größe, von Kleinvögeln im Falle des Taitafalkens bis zu Enten, Krähen, Birkhühnern und dergleichen beim Wanderfalken, sind die Hauptbeute dieser Gruppe.

Äußere Kennzeichen und Körperbau

Bei aller Verschiedenheit entsprechen die Greife einem gemeinsamen, durchgehenden Grundmuster. Sie weisen alle bestimmte, allgemeine Merkmale auf, ganz gleich wie groß die einzelnen Arten sind, welche Gestalt und Lebensweise sie besitzen. Die Mehrzahl ist in etwa mittelgroß (mit den Haushühnern vergleichbar) bis verhältnismäßig groß (etwa wie ein Truthahn), mit Ausnahmen nach oben und nach unten. Ein ausgewachsenes Männchen des Andenkondors kann 11 kg wiegen, 250mal soviel wie der winzige Zwergfalke, der kleinste Greifvogel. Auch innerhalb der Familien können die Unterschiede beträchtlich sein: Unter den *Accipitridae* wiegen einige kleinere Sperber nicht viel mehr als 100 g, während die stattlichste Art, die Harpyie, bis zu 9 kg auf die Waage bringt.

Wer schon einmal einen Sperber oder einen Wanderfalken beobachtet hat, kennt die augenfälligen Größenunterschiede zwischen Weibchen und Männchen. Wie bei den Eulen sind die Weibchen der meisten Greifvögel größer als die Männchen, aber diese Unterschiede können von Art zu Art erheblich variieren. Man bezeichnet deshalb auch das Männchen manchmal als Terzel (weil es ein Drittel kleiner sein kann, von lateinisch »tertius«). Besonders ausgeprägt ist die Differenz bei den eher räuberischen und kräftigeren Jägern der Ordnung, vor allem in der Gruppe der Sperber und Habichte. Dasselbe gilt für einige größere Adler und Falken. Unter den eher plumpen Jägern läßt sich der Unterschied nicht so leicht erkennen. Bei den ausschließlichen Aasfressern, den Alt- und Neuweltgeiern, ist es häufig schwierig, überhaupt einen Größenunterschied zwischen Männchen und Weibchen auszumachen. Manchmal ist hier das Männchen größer, etwa beim Andenkondor.

Es ist verschiedentlich versucht worden, diese Tatsache zu erklären, bislang aber eher unzufriedenstellend. Laut einer Theorie erlaubt der Größenunterschied einem Paar, das vorhandene Beuteangebot optimal auszunutzen, ohne daß sich die Partner bei der Nahrungssuche in die Quere kommen. Eine andere gängige Erklärung geht von der Jungenaufzucht aus. Danach jagt das kleinere Männchen für die Familie, solang die Jungen frisch ausgeschlüpft sind und bringt entsprechend kleine Beutetiere, während das Weibchen die größere Kost heranschafft, sobald die Jungen etwas gewachsen sind und sich der weibliche Altvogel vom Horst entfernen kann. Es könnte sein, daß beide Theorien ein Körnchen Wahrheit enthalten. Freilich gibt es kaum einen Beweis dafür, daß Greifvogelmännchen regelmäßig kleinere Beute greifen als die Weibchen und umgekehrt. Die unterschiedlichen Größen bei den Greifvogelgeschlechtern lassen sich also nicht so einfach erklären. Die Ursachen werden wohl komplexerer Natur sein als man bisher geglaubt hat.

Aggressive und räuberische Vögel, die von Natur aus Einzelgänger sind, werden wahrscheinlich auch Artgenossen als potentielle Opfer betrachten, was offensichtliche Nachteile für die Paarbildung und Fortpflanzung mit sich bringt. Balzzeremonien und ritualisiertes Verhalten zwischen den Geschlechtern haben sich als ein natürliches Gegengewicht entwickelt, das dazu dient, eine Paarbildung zu ermöglichen und zu erhalten. Beschwichtigung spielt dabei eine große Rolle. Bei den Paarungszeremonien übernimmt der Terzel die dominierende Rolle. Heute meint man, daß die größere Gestalt des Weibchens Kompensationsfunktion hat, auf daß das aggressive Männchen entsprechend eingeschüchtert und damit ein Gleichgewicht wiederhergestellt wird. So gesehen ist der Größenunterschied eine Anpassungserscheinung, die der Arterhaltung dadurch nützt, daß Paarbildung und gemeinsame Aufzucht der Jungen erleichtert wird.

Bei einigen wenigen Greifen könnte man die Gefiederfärbung als farbenprächtig bezeichnen. An sich zählen sie zu den am wenigsten bunt gefiederten Vögeln. Dennoch besitzen viele eine ausgesprochene Gefiederzeichnung und haben auf ihre Weise ein schönes Federkleid, so zum Beispiel der schwarze Gaukler mit seinem roten Kopf, den blaßbräunlichen Flügelstreifen und den roten Fängen, der

Links: Der schöne Schwarzachselgleitaar aus dem trockenen, offenen Inneren des australischen Kontinents weist den hakenartig abwärtsgebogenen Oberschnabel und die starken, mit scharfen Krallen bewehrten Fänge (Füße) auf, die für die meisten Greife charakteristisch sind.

schwarze Kaffernadler mit der weißen Schwanzwurzel, der Buntfalk und der weißköpfige Schwarzachselgleitaar mit den schwarzen Achselfedern, wie schon sein Name sagt. Viele andere Greife zeigen schöne, abgestimmte Farbübergänge in ihrem Gefieder. Freilich macht in unserem Falle die Färbung nicht den einzigen ästhetischen Reiz aus. Ebenso gehören Gestalt, Bewegung und Flug dazu, vielleicht sogar vorrangig.

Die Männchen und Weibchen vieler Arten sehen mehr oder minder gleich aus. Bei einigen wie etwa der Kornweihe und wenigen Turmfalken finden wir augenfällige Unterschiede. Tarn- und Schutzfärbung gehört nicht zu den besonderen Merkmalen der Greife. Die Gefiedermusterung mancher Arten, die ihre Horste auf der Erde anlegen, bietet etwas Deckung. Das gilt auch für das Gegenlichtprinzip bei den aktiveren Jägern, bei denen die Unterseite heller gefärbt ist als die Oberseite. Dadurch fällt der Greif seiner Beute weniger auf. Viele Arten tragen einen Schopf, während andere eine sehr hervorstechende Zeichnung haben. Beides kann eine Rolle beim Imponiergehabe und Drohverhalten spielen.

Ein gemeinsames Kennzeichen vieler Greifarten ist die beträchtliche Variation der Gefiederfärbung bei unmittelbaren Artgenossen, eine Eigenschaft, die bei den Greifvögeln stärker hervortritt als bei den übrigen Vogelfamilien. Es gibt zwei verschiedene Gefiedervariationen, die »individuelle« und die »geographische«. Verglichen mit der Verbreitung des betreffenden Vogels weist das Vorkommen solcher Unterschiede ein eigenes Muster auf.

Bei der genetisch kontrollierten, geographischen Variation richten sich die Gefiederunterschiede nach dem Teil des Verbreitungsgebiets, in dem das Exemplar der entsprechenden Art lebt. Betrachten wir zum Beispiel einen Teil der Gerfalkpopulation: Die üblicherweise als Grönlandfalk bezeichnete Form weist ein reinweißes Gefieder auf, während im arktischen Norwegen eine schwach graue, deutlicher gezeichnete Abart vorkommt. Eine Zwischenstellung nimmt die isländische Spielart ein.

Heute wird angenommen, daß individuelle Spielarten als Nebenprodukt der Gene auftreten können, die andere Faktoren kontrollieren. Solche Variationen werden vermutlich dann von Dauer sein, wenn sie der betroffenen Art keine Nachteile bereiten. Individuelle Abarten kommen bei einigen Arten häufig vor. Sie können als eine Abfolge verschiedener Färbungsstufen erscheinen, wo einzelne Vögel ihr Leben lang eine spezifische Färbung haben. Zum Beispiel kommen beim Mäuse- und beim Rauhfußbussard dunkle und helle Färbungen vor, mit vielen Zwischenstufen. Sie können sehr wohl in ein und demselben Lebensraum gefunden werden, ja selbst bei Horstgeschwistern. Während dieses Buch geschrieben wurde, sah der Verfasser vier Rauhfußbussarde zusammen, keiner glich im Erscheinungsbild genau dem anderen. Auch rote oder rötliche Farbstufen gibt es, wie beim Königs- und beim Rotschwanzbussard. Eine weiße Färbung kommt beim australischen Eidechsenhabicht vor. Ein schönes Beispiel dafür, wie individuelle und geographische Abarten ein Muster bilden können, bietet der nordamerikanische Rotschwanzbussard, dessen dunkle Spielart im östlichen Nordamerika selten, dagegen im Westen des Kontinents häufig zu sehen ist.

Die Greifnestlinge beginnen ihr Leben mit einem dicken Dunenkleid, das ihnen verhältnismäßig lang Schutz vor

Unten: Zwei Galapagos-Bussarde, links ein unreifer, unausgefärbter Jungvogel, rechts ein erwachsenes Exemplar. Die beiden Abbildungen zeigen die Unterschiede im Gefieder zwischen Jugend- und endgültigem Alterskleid.

Oben: Individuelle Variationen in der Gefiederfärbung sind eine normale Erscheinung bei einer Anzahl Greifvögel. Zwei nebeneinander sitzende Raubadler illustrieren diese Färbungsunterschiede sehr schön.

Wind und Wetter bietet. Es gibt zwei Dunenarten: Die Nestdunen sind die Vorläufer der Konturfedern *(Praepennae)* und wachsen an der Stelle der künftigen Federfluren. Das zweite Dunenkleid *(Praeplumae)* ist der Vorläufer der winzigen Pelzdunen, die unter dem Hauptkonturgefieder liegen. Der Zeitpunkt, an dem das zweite Dunenkleid die Nestdunen verdrängt und das definitive Dunenkleid die ganze Körperoberfläche bedeckt, ist von Art zu Art verschieden. Das gilt auch für die Dauer des Federwechsels, der die Ausformung des Großgefieders einleitet. Einige kleine Habichtarten können ihre ersten Federn schon nach zwei oder drei Wochen entwickeln. Dagegen verläuft das Federwachstum bei Großvögeln langsamer. Ausgeprägten Spätentwicklern wie den Kondoren sprießen die ersten Federn erst nach zwei oder drei Monaten.

Das folgende Jugendkleid zeichnet sich oft durch Federn mit hellen Spitzen oder Rändern aus. Das Gefieder der Jungvögel unterscheidet sich in den meisten Fällen durch die undeutlichere Musterung oder die dichtere Zeichnung vom endgültigen Alterskleid. Gewöhnlich gleichen sich die Geschwister der Arten jetzt noch, die im Alterskleid geschlechtsspezifische Unterschiede aufweisen. Der amerikanische Buntfalk bildet hierbei eine erwähnenswerte Ausnahme. Bei den kleinen Habichten findet die Übergangsmauser zum Alterskleid etwa im 15. Lebensmonat statt, während vier oder fünf Jahre vergehen können, ehe die großen Adler ihr Alterskleid erhalten. Die großen Kondorarten brauchen dazu noch länger.

Die Mauser findet nicht nur dann statt, wenn den Jungvögeln das Federkleid des Altvogels sprießt, sondern regelmäßig, hauptsächlich, um die abgenutzten Federn zu ersetzen. Auch hier gibt es große Unterschiede. Kleine Habichte mausern innerhalb von sechs Monaten, während die Mauser bei einem großen Vogel wie dem Steinadler viel langsamer verläuft und zwei bis drei Jahre in Anspruch nehmen kann. Auch der Zeitpunkt des Mauserbeginns variiert. Beispielsweise mausern Zugvögel erst nach Beendigung des Zuges. Einige Vögel, wie etwa viele Enten und Gänse, können während der Mauser nicht fliegen. Man kann sich leicht denken, daß dies bei Raubvögeln nicht vorkommt, beruht doch das Überleben bei den meisten Arten auf dem Flugvermögen. Die Mauser der Schwungfedern, den Hauptflugfedern, läuft in einem bestimmten Rhythmus ab, der von Gruppe zu Gruppe verschieden ist, stets aber so gestaltet ist, daß die Lücken in den Flügeldecken auf ein Minimum reduziert bleiben. Dadurch wird die ernährungsbiologisch notwendige Erhaltung des Flugvermögens gewährleistet.

Beispielsweise beginnt die Schwingenmauser bei großen Seglern wie den Adlern und Geiern an verschiedenen Punkten gleichzeitig, und zwar immer so, daß nebeneinanderstehende Federn nie zur selben Zeit ausfallen. Die auf beiden Seiten benachbarten Altfedern können so zugleich die nachwachsenden weichen Schwungfedern schützen, bis die neuen Federn sich voll entwickelt haben.

Für Greifvögel sind mächtige Flügel eine Existenzbedingung, denn bei der Beutesuche benötigen sie die größtmögliche Beweglichkeit. Bei einer derartig breiten Beutepalette und so unterschiedlichen Jagdrevieren, wie wir gesehen

Rechts: Kronenadler im Horst in Afrika. Diese beiden Bilder zeigen das reinweiße Dunenkleid der Greifküken und die deutlichen Färbungsunterschiede zwischen Jugend- und Alterskleid. Der stellenweise bereits ausgerottete Kronenadler ist ein Greif der afrikanischen Waldgebiete. Der große Vogel (Länge 90 cm) mit seinen starken Schwingen und mächtigen Fängen sucht sich auch schwere Beute wie Affen, junge Antilopen und Klippschliefern. Neben dem Schreiseeadler ist er mit seiner klangvollen Stimme der ruffreudigste afrikanische Adler.

haben, ist es kaum verwunderlich, daß die Greifvögel praktisch jede Flugart zeigen, und daß unter ihnen die erstaunlichsten Flugkünstler überhaupt zu finden sind.

Das Flugverhalten eines Raubvogels wird mit der Windgeschwindigkeit oder Turbulenz wechseln. Viele führen ihre Geschicklichkeit besonders gut an windigen oder stürmischen Tagen vor und lassen dabei erkennen, daß sie in dem unruhigen Element, im Gegensatz zu den meisten Vögeln, ganz gut zu Hause sind. Die Reduzierung des Luftwiderstandes durch die Stromlinienform des Körpers ist bei einigen Arten ein wichtiger Faktor für ihr Flugvermögen. Mit dem enggeschlossenen Gefieder und den spitzen, schlanken und schnittigen Flügeln stellt der Falke das Paradebeispiel für einen äußerst schnellen Flieger dar (etwa 150 km/h, beim Sturzflug eines Wanderfalkens bis nahezu 300 km/h). Dagegen sind die größeren Adler und Geier mit ihren breiten Schwingen für längere Flugoperationen bei langsamerer Geschwindigkeit gebaut. Erwähnt werden sollte jedoch auch, daß sogar die Großgreife zu erstaunlichen Flugleistungen, was Geschwindigkeit und Wendigkeit angeht, fähig sind. Freilich kann man sie nicht mit den großen Falken vergleichen.

Die meisten Greife haben verhältnismäßig kurze, abgerundete Flügel und einen langen Schwanz, ein Flugbild, das sowohl für den kleinen Sperber oder den Binsenbussard wie für den Harpyien- oder den Haubenadler kennzeichnend ist. Diese sehr verschieden großen Vögel sind an Waldgebiete gebunden, leben nicht im freien Gelände, wo die Formen mit langen spitzen Flügeln vorkommen.

Die wesentlichen Flugarten, mit denen wir uns beschäftigen werden, sind Schlag- oder Ruderflug, Rüttel-, Gleit- und Segelflug. Wir werden sehen, wie verschiedene Vögel alle vier Flugtechniken verwenden oder nur einzelne einsetzen, wie Schwingen und Schwanz dafür jeweils entsprechend geformt sind.

Andauernder Ruderflug verlangt entweder längliche, ziemlich schmale Flügel oder kurze und runde, soll unnötiger Kraftaufwand vermieden werden. Bei den Weihen, Sperbern und Habichten finden sich beide Typen in Verbindung mit einem langen Schwanz. Weihen sind hochaktive, unbekümmerte Flieger, die über freiem Gelände jagen, während die kurzflügligen Sperber und Habichte hauptsächlich in deckungsreichen Gebieten ihre Beute suchen, oft in äußerst raschem Flug. Beide Gruppen unterbrechen das aktive Rudern zeitweise mit Gleiten, wo der bewegte Flügelschlag fehlt. Der lange Schwanz ist beweglich und erhöht die Manövrierfähigkeit und Wendigkeit, er erlaubt es, die Flugrichtung zu ändern, zu bremsen und im schnellen Zustoß die Beute sekundengenau zu fassen.

Viele andere Arten streifen und jagen im Ruderflug, den sie durch verhältnismäßig lange Abschnitte des bloßen Dahingleitens immer wieder ablösen. Schnellere Flügelschläge wie beim Ruderflug verbrauchen viel Kraft, so daß es auf das möglichst wirkungsvolle Einsetzen der Flügelschläge ankommt. Große breitflüglige Greife rudern nicht sehr wirksam und verlassen sich deshalb mehr aufs Gleiten, Kreisen und Segeln. Wenn die atmosphärischen Bedingungen diese Flugtechniken ausschließen, ziehen sie es vor, überhaupt nicht aufzusteigen. Werden solche großen Raubvögel dennoch durch irgend etwas zum Auffliegen gezwungen, sehen sie dann im Flug häufig schwerfällig und ungeschickt aus. Rütteln ist eigentlich nur eine Verlängerung des Schlagflugs, das ein Platzhalten auf der Stelle bewirken soll, so als hinge der Vogel an einem Faden. Dabei werden die Flügel leicht und rasch geschlagen, und zwar in einem weiten Bogen von hinten nach vorne geführt, so daß der herabhängende Körper steil in der Luft steht. Der wie ein Fächer gespreizte Schwanz ergibt einen weiteren Auftrieb. Die Turmfalken sind die bekanntesten Verwender dieser Flugform, aber auch einige kleine Milane haben sich das Rütteln ebenso geschickt zu eigen gemacht. Auch für viele größere Vögel, wie den Schlangenadler oder den Rauhfußbussard, ist der Rüttelflug ein wesentlicher Bestandteil der Jagdweise. Viele andere Arten können kurz rütteln, falls erforderlich.

Die gewöhnliche Flugweise ist das Gleiten, sei es beim Dahinstreifen, beim Jagen oder beim alljährlichen Quartierwechsel. Den Gleitflug verwenden alle Greifvögel, entweder als kurzes Zwischenspiel beim Rudern oder als über längere Zeit eingesetzte Flugtechnik. Der größte Vertreter des Gleitflugs ist wahrscheinlich der massige Lämmer- oder Bartgeier. Wenn er im Gebirge, seinem Lebensraum, erst einmal in der Luft ist, gleitet er immer wieder die Bergkonturen und Felswände auf gleicher Höhe oder aufsteigend entlang, wobei er sich vom Hang- und Wärmeaufwind tragen läßt. Wie ein Greifvogel das Gleiten einsetzt, soll ein Beispiel zeigen. Beobachten wir einen Steinadler auf seinem Flug: Für einen Raubzug verläßt er seinen Horst, der irgendwo im Tal liegt, ein gutes Stück unterhalb der Spitze oder dem oberen Abschluß einer Felswand. Damit kann der Adler beim Aufsteigen den Aufwind benützen, der entweder gegen die Felswand oder durch Lufterwärmung entsteht. Er kreist in dieser Thermik so lange aufwärts, bis er die eigentliche Flughöhe erreicht hat. Nun wechselt der kreisende Adler aus der ausgespreizten Flügelhaltung, die zum Thermiksegelflug gehört, in die Gleithaltung mit aufgebogener Schwingenspitze, nach vorne abgewinkelter Handwurzel und geschlossenem Schwanz und schwebt über einen Bergkamm ins nächste Tal. Dabei gleitet er leicht abwärts, was vor allem durch die Schwerkraft bewirkt wird. Abgesehen von den langen, schweren Flügelschlägen, mit denen unser Steinadler den Horst verließ, hat er bislang keine Kraft gebraucht. Höchstwahrscheinlich wird seine Fluggeschwindigkeit jetzt sehr groß sein. Adler, die so dahingleiten, können Geschwin-

Unten: Helle Gefieder-Färbungsphasen kommen bei einer Anzahl Greife vor; das erstaunlichste Beispiel bildet die reinweiße Phase beim australischen Eidechsenhabicht. Diese albinotische Form, bei der sich nur eine gelbe Färbung in Augen, Läufen und Wachshaut findet, tritt bei den auch Weißbrauenhabicht genannten Mitgliedern der Accipiter-*Gruppe in Australien häufig auf. Der Eidechsenhabicht liebt Waldgebiete von den kleinen Sundainseln bis Australien mit Ausläufern auf den Salomonen.*

Oben: Diese graphische Darstellung zeigt
(a) die aufsteigende Warmluft, die einen Wärmeaufwind oder eine Thermik bildet und so den Greifen Auftrieb verleiht, wodurch die Vögel ohne Anstrengung segeln können,
(b) gegen einen Hang stoßende Luftströmungen, die einen Hangaufwind bilden, den viele Greifvögel zum Segeln nützen.

digkeiten von 96 km/h erreichen. Am nächsten Höhenzug stößt der Vogel wiederum auf Aufwinde und gewinnt selbst im Gleitflug erneut an Höhe. Nicht selten ergibt sich aus Fluggeschwindigkeit im Verein mit dem Auftrieb durch Aufwinde erstaunlicherweise de facto ein Höhengewinn, auch wenn allein die Schwerkraft das Vorankommen bestimmt.

Schließlich kommt der Adler über dem nächsten Tal an, verringert den Auftrieb durch eine engere Flügelhaltung und gleitet steil abwärts, um die unteren Hänge zu erreichen, wo die Beutesuche beginnt. So hat der Vogel in wenigen Minuten vielleicht fünf Kilometer zurückgelegt, praktisch ohne jede Kraftanstrengung.

Solche Flüge sind üblich. Ähnliche Fahrten kann man überall beobachten, wo Greifvögel vorkommen. Was den Adler oder jeden anderen Großgreif angeht, der oft weite Gebiete nach seiner nicht leicht zu findenden oder häufig spärlich verteilten Beute absuchen muß, so ist ein Fliegen ohne Energieverlust ein großer Vorteil. Auch der Segelflug bietet diese Lösung.

Segeln beruht ebenfalls auf der Schwerkraft für die Vorwärtsbewegung. Aber der Auftrieb ist nunmehr der wesentliche Faktor, denn ein segelnd kreisender Vogel versucht seine Höhe zu halten oder, öfters, an Höhe zu gewinnen. Ohne aufsteigende, den Auftrieb bietende Luftströmungen läßt sich nicht segeln. Aufwinde entstehen an Naturgegebenheiten wie einem Höhenzug, wo die Luft nach oben gepreßt wird. Aber im Flachland und besonders in wärmeren Regio-

nen suchen Greife Wärmeaufwinde, die sie nach oben tragen. Man sollte noch erwähnen, daß es eine Zeitlang dauert, bis eine Thermik aufgebaut ist. Daher steigen viele Vögel, die auf den Auftrieb durch Wärmeaufwind angewiesen sind, morgens erst dann auf, wenn sich die Luft hinreichend erwärmt hat.

Die großen Geier und die Kondore sind die Meister im Segeln, hinter denen die vielen Bussarde, Adler und andere zurückstehen müssen, die selbst lange Zeit segeln und dafür mit den langen, breiten Schwingen gut ausgerüstet sind. Geier und Kondor verbringen Stunden im Flug, wobei sie in langsamen, großen Kreisen segeln oder von einem Wärmeaufwind zum nächsten auf der unaufhörlichen Suche nach Aas gleiten. Ihre sehr langen Flügel (Spanne bis zu 3 m beim Andenkondor und 2,7 m bei der größten Altweltart, dem Mönchsgeier) besitzen lange, gefingerte Handschwingen und verlängerte Armschwingen, wodurch die entsprechend breite Flügeldecke geschaffen wird, die den zum Segeln erforderlichen Auftrieb sicherstellt. Der Schwanz ist ziemlich kurz und berührt ausgespreizt die innersten Armschwingen, so daß sich eine geschlossene Flügelkante von einem Flügel zum anderen bildet.

Die gefingerten Handschwingen, so auffällig bei den Geiern und ein Kennzeichen praktisch aller segelnder Greife, resultieren aus der Auskerbung dieser Hauptflugfedern. Die Außenfahne jeder Feder ist gleichsam weggeschnitten. Die Lücken wirken wie Flügelkerben; vermutlich dienen sie dazu, den Luftwiderstand zu vermindern. Sie verbessern auf alle Fälle die Gesamtwirksamkeit des Flügels beim Segeln. Einige wenige segelnde Vögel, insbesondere der Malaienadler, haben lange Handschwingen, die sehr weich und nur wenig ausgekerbt sind. Man nimmt an, daß es sich hierbei um eine Sonderanpassung handelt, die außergewöhnlich langsames Kreisen erlaubt – was für einen Vogel wie diesen Adler von großem Nutzen ist, der sich seine sehr kleine Beute aus Baumwipfeln holt.

Der Schwanz ist ein wichtiges Hilfsmittel beim Steuern, Rütteln und Segeln, dessen Funktion bei der Behandlung der Aerodynamik des Greifvogels nicht ausgelassen werden darf. Einige Greife haben einen verhältnismäßig ausgefallenen Schwanz: Der lange, stark gegabelte Schwanz des Rotmilan und des Schwalbenweih ist sehr beweglich und ermöglicht langsame und geschickte Flugmanöver auf der äußerst gründlichen Suche nach Kleintieren am Boden oder auf Bäumen.

Die Fänge und der Schnabel bilden bei den Greifvögeln die Grundausrüstung zum Töten und Kröpfen, der Nahrungsaufnahme. Im Unterschied zur landläufigen Meinung ergreifen und töten die Raubvögel, die lebende Beute zur Nahrung nehmen, ihr Opfer fast immer mit den Füßen, genauer gesagt mit den beschilderten Fängen, die an den Zehen gekrümmte, scharfe Krallen tragen. Die jeweilige Jagdweise wirkt sich unterschiedlich auf Fußbau und Ausformung der Krallen aus. Die stämmigsten und kräftigsten Fänge mit den am bösartigsten erscheinenden Krallen besitzen die Greife mit den größten Beutetieren. Entsprechend sind die auf Insekten und Kriechtiere spezialisierten Greifvögel mit leichter gebauten und weniger stark entwickelten Fängen ausgerüstet. Bei diesen Formen, mit denen jeder Raubvogel auf seine bestimmte Art der Beute eingestellt und funktionell angepaßt ist, gibt es einige bemerkenswerte Beispiele: Die Fänge der Schlangenadler und anderer Arten, die ohne weiteres Giftschlangen angreifen, sind mit rauhen, festen Schuppen als Schutz gegen Bisse bedeckt. Das beste Beispiel für die auf Fischfang spezialisierten Arten ist der Fischadler, dessen Zehensohlen mit fast stachelartigen Schuppen versehen sind, wodurch er in Verbindung mit den übrigen Eigentümlichkeiten seines Fußbaus seine glatte und schlüpfrige Beute fassen und festhalten kann. Vögel, die viel Zeit auf dem Boden verbringen, etwa einige Karakaras, haben verhältnismäßig lange Beine und relativ stumpfe Krallen. Insbesondere der Sekretär besitzt Beine, wie sie Vögel haben, die immer auf der Erde leben; seine außergewöhnlich langen und kräftigen Läufe mit den kurzen Zehen, zwischen denen sich innen schmale Binnenhäute spannen, gleichen keinem anderen Vogel der Ordnung. Das Extrem bilden die Geier mit ihren kräftigen Beinen und stumpfen Krallen – sie sind Raubvögel, die nie töten, sie müssen nur aufsitzen und sich mit Wendigkeit auf dem Boden bewegen können.

Die Fänge werden mehr oder minder ausschließlich zum Töten verwandt. Man sollte aber auch den sogenannten »Falkenzahn« erwähnen, mit dem Falken das Rückenmark ihrer Beute – meist Kleinvögel und Kleinsäuger – durchtrennen. Den Falkenzahn bildet eine beidseitig im vorderen Teil des Oberschnabels vorhandene Zacke. Gegriffen wird die Beute mit den Fängen. Einige Weihen, die auch einen solchen Zahn besitzen, töten Eidechsen und kleinere Wirbeltiere damit. Mit zwei Zähnen sind die Schopfbussarde ausgerüstet. Die Schnabelgröße und -form variieren sehr, wiederum entsprechend der Beutegröße und -beschaffenheit. Alle Greifvögel haben einen mehr oder weniger stark ausgeprägten Hakenschnabel. Die größten und kräftigsten findet man bei einigen Echten Adlern und den großen Aasessern. Auch hier gibt es einige interessante Spezialisierungen. Der Langschnabelmilan, auch Berghakenweih genannt, besitzt einen sehr langen, herabgebogenen Oberschnabel, mit dem der Weih die Schnecken aus ihren Schalen herauslöst. Wie er

Oben: Die langen Flügel und der lange Schwanz und Körper der Rohrweihe befähigen diesen Greifvogel, langsam und methodisch zu jagen. Die Rohrweihe ist in Sümpfen und Mooren mit ausgedehntem und dichtem Röhrichtbestand zu Hause, wo sie große, vom Wasser umgebene Nester baut.

Rechts: Wie alle anderen Geier können die Truthahngeier lange in der Luft bleiben, wenn sie nach Aas Ausschau halten. Diese Greifarten verfügen über eine außerordentliche Sehschärfe.

dies genau macht, wurde noch nicht beschrieben. Allerdings wird seine Jagdweise wohl in keiner Hinsicht der Methode des noch mehr spezialisierten Schneckenweih gleichkommen, der mit der aus dem Wasser gegriffenen Schnecke auf einen Ast fliegt. Dort hält er sie mit einem Fuß fest und wartet geduldig, bis der Vorderleib der Schnecke aus der Schale ragt. Blitzschnell wird jetzt der weiche Schneckenkörper mit der langen, rechtwinklig abgebogenen Schnabelspitze durchbohrt, dann gewartet, bis die Muskulatur der Schnecke erschlafft und schließlich die Verbindung von Schnecke und Schale durch eine heftige Schüttelbewegung gelöst.

Am Oberschnabelgrund vor der Stirn ist die Haut bei allen Greifvögeln stark verdickt, weniger hornig als der Schnabel selbst. Dieser nackte Fleck wird als Wachshaut bezeichnet, die oft gelb gefärbt ist und meist die Nasenlöcher umschließt. Ihre genaue Funktion ist unbekannt. Einige Raubvögel haben auch ungefiederte Zügel, der Raum zwischen Schnabelgrund und Auge. Dabei handelt es sich um eine funktionelle Anpassung, die dazu dient, diese Fläche sauber zu halten, und die deshalb auch besonders deutlich bei den Arten auftritt, die sehr schleimige oder schmierige Beute

Rechts: Die gefingerten oder ausgeschnittenen Schwungfedern dieses Rotschulterbussards erhöhen die Wirksamkeit der Flügel im Segelflug.

fressen. Man kann dies bei den Schneckenfressern sowie bei den Schwarz- und Krabbenbussarden beobachten, die Krabben und anderes Meeresgetier verspeisen. Eine weitaus extremere Entwicklungsform sieht man bei vielen Geiern. Ihr nackter, häßlicher Kopf und Hals bezweckt dasselbe. Er ermöglicht es ihnen, den Kopf tief ins Fleisch und die Eingeweide eines verendeten Tiers zu stecken und in solch unhygienischen Umständen darin herumzuwühlen, ohne daß das Gefieder allzusehr verschmiert oder die Gefahr einer Infektion allzu groß wäre. Eine ganz andere Entwicklung weist der Wespenbussard auf, dessen Zügel mit kurzen, harten Federchen gegen Bienen- und Wespenstiche geschützt sind, mit denen er auf seiner Beutejagd rechnen muß.
Fast alle Vögel können außerordentlich gut sehen, weitaus besser als der Mensch. Bei den Greifvögeln ist das Sehvermögen zweifellos am besten ausgeprägt. Experimente haben gezeigt, daß sie ein voll ausgebildetes Farbsehen besitzen. Die sehr empfindliche Wahrnehmung der Greife und ihre Fähigkeit, außerordentlich weit entfernte Gegenstände und Bewegungen erkennen zu können, beruht auf einer Spezialentwicklung des Auges. Sollen bewegliche Objekte genau ermittelt werden, so muß die Brennweite der Linse im Auge ajustiert werden können. Bei den Greifen sind die Akkommodationsmuskeln, durch die die Linsenbewegung kontrolliert wird, weitaus stärker ausgeprägt als bei anderen Vögeln. Außerdem zeigt die Netzhaut einige ungewöhnliche Modifikationen. Bei den Habichten enthält die Netzhaut jedes Auges zwei Sehgruben *(Fovea)*, wovon sich die eine nach vorne öffnet, die andere zur Seite. Jede Sehgrube

Oben: Der kräftige Schnabel des Steinadlers – er dient zum Zerlegen und Zerreißen der Beute, nicht zum Töten. Dieser große, bis zu einem Meter lange Adler ist mit wenigen schonenswerten Exemplaren in den Alpen heimisch. In den sechziger Jahren fanden sich noch einzelne der bis zwei Meter hohen und breiten Felsenhorste in den deutschen Alpen.

Oben: Dagegen verwendet der Wanderfalk die »Falkenzähne« am Oberschnabel, um die mit den Fängen gepackte Beute zu töten.

ist eine Vertiefung der Netzhaut, in der die lichtempfindlichen Sehzellen teils als »Stäbchen«, teils als »Zapfen« besonders zahlreich und konzentriert sind. Vereinfacht gesprochen ist die Sehschärfe um so größer, je dichter die Sehzellen sitzen. Das nach vorwärts gerichtete Sehgrubenpaar vermittelt dem Greif etwa einen dem menschlichen Auge entsprechenden Gesamtgesichtskreis. Durch die vier Sehgruben macht der Winkel, der durch die Überschneidung der Gesichtsfelder beider Augen gebildet wird, zwischen 35° und 50° aus, was das räumliche Sehen entscheidend verbessert.
Die Augen der Greifvögel sind groß und besonders bei den Arten, die sich kopfvoraus ins Dickicht stürzen, das ihrer Beute Deckung bietet, stark ausgesetzt und verletzbar. Vögel haben neben den beiden Augenlidern noch eine durchsichtige Nickhaut, die sie vor das Auge ziehen können. Sie bietet zusätzlichen Schutz, säubert und befeuchtet die Hornhaut. Ziemlich sicher wird damit das Auge auf der Jagd und beim Schlagen der Beute in Wäldern oder in hohem Gras geschützt. Viele Arten weisen auch eine Knochenkante auf, die über dem Augenrand hervorspringt. Sie dient ebenfalls dem Schutz des Auges. Es ist übrigens dieser Knochenvorsprung, der so vielen Greifen den kühnen und grimmigen Gesichtsausdruck, den sprichwörtlichen Adlerblick, verleiht, in den menschliche Wertung Wagemut und Kampfgeist hineingelegt hat.
Das Hörvermögen der Raubvögel ist höher ausgebildet als man meist annimmt, dennoch bleibt das Sehvermögen die für diese Jäger wichtigste Sinnesleistung. Wie alle Vögel hören Habichte und ihre Verwandten außerordentlich gut. Jäger in Wäldern oder Gelände mit dichter Vegetation werden sich wahrscheinlich auch streckenweise auf ihr Ohr verlassen. Kein Greif ist allerdings so hoch spezialisiert wie einige Eulen, die mittels akustischer Peilung ihre Beute lokalisieren und fangen. Zwei Greifgruppen haben einige besondere Merkmale ausgebildet, die darauf verweisen, daß für sie das Hörvermögen besonders wichtig ist.
Die Waldfalken der Gattung *Micrastur* sind Vögel der Dämmerung, die in deckungsreichem Gelände, oft in schwächstem Licht, jagen. Die teilweise zum Gesicht gehörende Krause, die durch eine Reihe kleiner, fester Federn unmittelbar hinter dem Ohr gebildet wird, hilft gewiß dabei, die Schallwellen besser aufzufangen. Die Weihen *(Circus)* weisen Krausen oder Scheiben auf, die sich noch besser zur Schallwahrnehmung eignen. Zusätzlich haben Weihen eine etwas größere Ohröffnung als andere Habichtartige. Sie jagen zwar hauptsächlich bei Tage, aber ein Gutteil ihrer Beute schlagen sie in hohem Gras, Schilf oder Röhricht, wo ihre Opfer kaum auszumachen sind. Es scheint daher wahrscheinlich, daß Weihen zumindest die Anwesenheit von Beutetieren akustisch orten, während der Fang durch das Sehvermögen gesteuert wird.
Vögel wie etwa die Baumfalken können bis tief in die Dämmerung fliegende Insekten und gelegentliche Fledermäuse jagen und verzehren. Dabei werden sie sich völlig auf ihr genaues Sehvermögen und auf akustische Ortung verlassen. Dies gilt auch für den Fledermausbussard, weitaus eher ein Nachtvogel als irgendein anderer Greif.
Abgesehen von solchen Ausnahmen wie den Schnepfenstraußen oder Kiwivögeln, nächtliche Bodenvögel mit schlechtem Sehvermögen, die aber ein für Vögel ungewöhnlich gutes Riechorgan besitzen, verfügen die meisten Vögel nur über einen rudimentären Geruchssinn. Dies gilt auch für die Raubvögel, mit Ausnahme der Neuweltgeier, bei denen anatomische Untersuchungen festgestellt haben, daß sie größere Geruchsorgane besitzen als die meisten Mitglieder der Ordnung. Man weiß heute, daß zumindest den Truthahngeier der Aasgeruch zur Beute führt, obwohl allem Anschein nach weder der amerikanische Rabengeier noch die beiden Kondorarten Aas mit dem Geruchsvermögen lokalisieren können.

Rechts: Der nackte Kopf eines Königsgeiers – es handelt sich um eine Sonderanpassung, die es dem Geier erlaubt, die Eingeweide eines toten Tieres zu fressen, ohne seine Federn zu beschmutzen.

Jagd- und Ernährungsweisen

Links: Ein Mäusebussard mit seiner Beute: Greife töten rasch und wirksam, und zwar nur, um zu fressen.

Folgende Doppelseite: Ein unreifer Steinadler beim Schlagen eines Hasen. Das Beutetier wird mit den Fängen und den scharfen Krallen erlegt.

Für viele Menschen gehört das Jagen und Töten anderer Kreaturen zu den faszinierendsten Aspekten des Raubvogelverhaltens. Die Anzahl der phantasievollen und völlig übertriebenen Vorstellungen, wie dies geschieht, ist ebenso groß wie die der Mißverständnisse und Fehldeutungen, die zum Beispiel über die Rolle des Habichts im Verhältnis zum Beutebestand verbreitet sind. Bewunderung, Vorurteil und Sensationsgier überwiegen statt faktischer Kenntnisse und lassen viele Menschen regelrechte Ammenmärchen glauben. Raubvögel sind nicht die einzigen Tiere, die den ungerechtfertigten Ruf erhalten haben, erbarmungslose, blinde und zugleich erstaunliche Killer zu sein. Sie teilen diese zweifelhafte Auszeichnung mit anderen Räubern wie dem Löwen, Krokodil, Hai und dem Wolf, deren Verhalten meist auch nicht begriffen wird.

Viele Menschen sehen die Greife als blutgierige Feinde von Vögeln und Säugetieren an, gerade der als besonders »nützlich« geltenden Arten. Was dabei vergessen wird, ist die Tatsache, daß bestimmte Greifvögel, die Aas und Abfall vertilgen, in weniger technologisierten Ländern eine wichtige Rolle als eine Art Gesundheitspolizei übernehmen. Andere, die Insektenfänger, bekämpfen »Schädlinge« der Nutzpflanzen auf natürliche Weise. Und die Räuber sichern einen gesunden Wildbestand. So sorgt zum Beispiel der Steinadler für eine natürliche Auslese unterm Wild. In seinen Jagdrevieren kommt die Gamsräude selten vor. Ein pures und oft verfehltes Nützlichkeitsdenken verliert solche Momente zu gern aus den Augen.

Als erstes müssen wir das Märchen von dem Riesenverlust vergessen, den die Falken unterm Niederwildbestand anrichten sollen, die Geschichten vom kindsräuberischen Adler und andere auf Unwissenheit und Vorurteil beruhende Fabelmärchen aus unserem Gedächtnis streichen. Statt dessen sollten wir uns bemühen, die Greifvögel in ihrer Rolle als Räuber als einen Teil des komplexen Lebenszusammenhanges zu begreifen, in dem sich alle Tiere und Pflanzen in wechselseitiger Abhängigkeit befinden. Ein Habicht, der einen anderen Vogel oder ein Säugetier tötet und frißt, ist etwas Gewöhnliches, genauso wie eine fliegenverzehrende Spinne, eine grasende Kuh oder auch ein Mensch, der sich ein Filetsteak zum Mittagessen brät. Man sollte außerdem nicht vergessen, daß Grausamkeit ausschließlich etwas vom Menschen gegenüber anderen Menschen Praktiziertes ist. Ein Wanderfalk schlägt eine Eule, um sie zu fressen, und nicht aus Spaß. Und daß ihm die Beutejagd ein Vergnügen bereiten würde, ist eine gänzlich falsche, den Falken vermenschlichende Vorstellung. Außerdem sollten wir lernen, daß Raubvögel unter normalen Lebensumständen nur das töten, was sie zum Leben benötigen. Aufs Geratewohl oder ganz zufällig zu töten, gehört nicht zu ihrem Verhalten, abgesehen von ganz seltenen Umständen.

Die Greifvögel machen Jagd auf erstaunlich verschiedenartige Tiere. Sogar winzige Insekten gehören zur Jagdbeute bestimmter Greifarten. Selbst die größten Säugetiere, etwa Elefanten und angeschwemmte Wale, können Nahrung für andere Arten bilden, freilich nur als Kadaver. Greifvögel sind außerordentlich gut für alle Flugarten und fürs rasche und wirkungsvolle Erlegen der Beute ausgerüstet. In diesem Kapitel wollen wir die Jagdweise und die Aassuche betrachten und die ökologische Rolle der Greifvögel, etwa als biologische Schädlingsbekämpfer, behandeln.

Bei jedem Greifvogel ist der Tagesablauf durch den Jagd- und Ernährungstrieb bestimmt, unabhängig davon, ob im Einzelfall eine Familie ernährt werden muß oder nicht. Manche Arten beginnen ihre Jagd früh am Morgen; andere, die auf den Auftrieb durch Lufterwärmung oder auf die Regsamkeit ihrer Beute angewiesen sind, rühren sich erst am Vormittag. Wiederum andere gehen besonders gegen Abend intensiv auf Jagd. Auch das Wetter beeinflußt die Ernährungsweise: Bei Kälte etwa braucht der Vogel mehr Nahrung, um zu überleben; Regenwetter schränkt die Beweglichkeit vieler Greife ein oder macht die Jagd sogar unmöglich. Beutegröße und Größe des Greifs sind gleichermaßen wichtige Faktoren. Arten, die sich von Insekten oder sehr kleinen Beutetieren ernähren, müssen mehr Zeit auf der Jagd und bei der Nahrungsaufnahme verbringen als andere, die sich den Gutteil ihrer täglichen Nahrungsration aus einer Nahrungsquelle holen können. Diese Unterschiede beziehen sich auf

Oben: Unverdauliche Reste werden durch den Schnabel in der Gestalt eines »Gewölls« ausgespieen. Zerlegte und analysierte Speiballen liefern ein gutes Bild der Hauptnahrung des betreffenden Raubvogels. Abgebildet sind verschiedene Gewölle des Steinadlers. Deutlich kann man Knochen- und Federreste, Haare und sonstige Nahrungsteile erkennen, die nicht allein unverdaulich, sondern auch zu groß sind, um den Darm zu passieren.
Diese unverdaulichen Nahrungsreste finden sich im Umkreis der Horste und Kröpfplätze. Die Gewöllanalyse liefert allerdings nur ein unvollständiges Bild der Ernährung eines Raubvogels, zumal bei solchen Greifen, die auch Aas oder pflanzliche Kost verzehren.

den Tagesbedarf eines Greifvogels, der zwischen etwa 25% des Körpergewichts bei den kleineren Habichtartigen und 7% bei einem Steinadler schwanken kann. Die tägliche Nahrungsmenge umfaßt bei den größten Greifen vermutlich einen noch kleineren Teil des Körpergewichts. Während etwa ein Vogel wie der Baumfalk täglich viele Stunden auf der Jagd nach Fluginsekten und einem gelegentlichen Kleinvogel verbringt, können große Adler, die massigen Geier und Kondore für zwei oder drei Tage mit einer einzigen Mahlzeit auskommen. Viele Greifvögel können längere Zeit fasten. In Gefangenschaft halten sie sogar zwei oder drei Wochen ohne Nahrung aus, und das, wie man beobachtet hat, ohne sichtliche Beeinträchtigung oder Nebenwirkungen. Ein einzelnes, geschlagenes Tier kann einen großen Greif mehrere Tage ernähren. Er wird zu einem erlegten Tier auch so lange zurückkehren, bis nichts mehr übrig ist. Einige Arten, insbesondere der Kondor und die großen Geier, können weit mehr als ihren unmittelbaren Nahrungsbedarf verschlingen, wobei sie die zusätzliche Nahrung kröpfen, d. h. im Kropf verstauen. Wenn sich die Geier derart vollgeschlagen haben, können sie lange Zeit herumsitzen und ganz träge werden. Allerdings muß man Berichte für sehr übertrieben halten, nach denen sie dann zu schwer sind, um bei Störungen wegzufliegen. Einige Greife verstauen während der Brutzeit sogar Nahrung in einer Art »Speisekammer«, ein Verhalten, das beispielsweise beim amerikanischen Buntfalken und beim Eleonorenfalken unter den europäischen Arten häufig verbreitet ist.

Große Beute wird oft zerlegt und nur teilweise gefressen oder weggetragen. Dagegen werden mundgerechte Beutetiere gleich ganz verschluckt. Greife können Kleinsäuger unzerteilt verschlingen, eine Art der Nahrungsaufnahme, die im allgemeinen unter den Eulen häufiger vorkommt als bei den Greifen.

Eine geschlagene Beute, die nicht mundgerecht ist, wird selten an Ort und Stelle verzehrt, sondern sehr oft zu einem geeigneten Platz (Pfähle, Äste, Gesteinsbrocken) getragen, wo der Vogel das erlegte Tier ungestört kröpfen oder die Teile aussuchen kann, mit denen die Jungen gefüttert werden sollen. Bei Vögeln bleiben die äußeren, unverdaulichen Teile unbeachtet. Einen Teil des Fells bei Säugetieren reißen die Greife herunter, um ans Fleisch zu kommen. Füße und ähnliches werden abgetrennt. Allerdings enthält die Nahrung trotzdem unverdauliche Reste, wie z. B. Knochensplitter, Haare, Federn oder Chitin. In Gestalt einer zusammen-

Rechts: Ein junger afrikanischer Schreiadler beim Kröpfen. Dabei hält der Vogel die Beute mit einem Fuß fest.

gedrückten, mehr länglichen Masse, als Gewöll bezeichnet, werden diese Reste durch den Schnabel ausgestoßen. Gewölle findet man unter Horsten oder Schlafplätzen und an immer wieder benützten Kröpfplätzen. Wenn man diese Nahrungsreste zerlegt, läßt sich anhand der Analyse der darin enthaltenen Knochen-, Feder- und sonstiger unverdaulicher Reste die »Speisekarte« einer bestimmten Art studieren. In Verbindung mit der Untersuchung der Beutereste am Platz der Nahrungsaufnahme bildet die Gewöllanalyse die klassische Methode, um Ernährung und Beutewahl der Greife zu ermitteln. Beobachtung von einem Horst mit Jungen kann die Ernährung und das Füttern der Jungvögel erhellen und womöglich Hinweise auf die Nahrung der Alten geben, aber kein vollständiges Bild ihrer Ernährung. Bei vielen Greifen ist es bekanntermaßen schwierig, durch die Beobachtung der Jagdweise und der Nahrungsaufnahme die Art ihrer Ernährung zu bestimmen. Bei anderen ist dies ganz und gar unmöglich.

Viele Greifvögel baden, trinken aber selten. Es scheint, daß der Flüssigkeitsbedarf durch die Beute gedeckt wird. Nahezu

Links: Ein segelnder, leuchtend braunroter Brahminenweih, stets auf der Ausschau nach Krabben, Abfällen und angespültem Meeresgetier. Der bussardgroße Vogel, der meist in Mangrovenwäldern brütet, ist in wasserreichen Landschaften und Küstengebieten von Indien bis Südchina und Australien zu Hause. Er taucht auch bei menschlichen Siedlungen auf, wie im Hafen von Colombo (Ceylon), wo der Weih sich mit den Krähen um Abfälle streitet.

Unten: Verschiedene Beutereste kann man auf einem Baumstumpf sehen, der diesem Sperbermännchen als »Kröpfplatz« dient.

allein stehen hier die Aasfresser da, die häufig unmittelbar nach einem Mahl Wasser aufsuchen.

In den meisten Fällen wird das gegriffene Tier mit den Fängen getötet, entweder durch einen direkten Schlag oder durch das kräftige Schnappen mit den Fängen. Hierbei fügen die scharfen Krallen der Beute tödliche Wunden zu. Eine Anzahl Beobachtungen berichten davon, daß Wanderfalken ihr Opfer durch die Gewalt ihres Stoßschlages köpfen. Es handelt sich aber dabei vermutlich um Ausnahmen. Ein Beispiel soll verdeutlichen, wie ein großer, starker Greif seine Beute beim Angriff sofort tötet. Der Verfasser war dabei, als untersucht werden sollte, ob ein Steinadlerpaar einige Lämmer getötet hatte. Lämmer werden zwar gelegentlich gegriffen, jedoch viel seltener als gemeinhin angenommen wird. Ein untersuchtes Lamm hatte tiefe Stichwunden am Kopf, Hals und an der Schulter, und zwar genau im Abstand der Zehen von einem der großen Fänge. Jede Wunde hätte tödlich sein können. Eine Kralle durchbohrte das Schulterblatt des Tieres.

Die meisten Greifvögel jagen tagsüber, doch gibt es auch Berichte darüber, wie Geier nachts bei Mondlicht einen Kadaver verzehren. Richtige Nachtvögel gibt es unter den Raubvögeln nicht. Selbst der Fledermausbussard, noch am ehesten ein Nachtvogel, ist in Wirklichkeit ein Jäger der Dämmerung, der seine Jagd einstellt, wenn die Sichtverhältnisse zu schlecht werden. Eine Anzahl anderer Arten geht auch abends auf Beutesuche, hauptsächlich Liebhaber von Fluginsektenkost. Die frühe Abenddämmerung ist in England der günstigste Zeitpunkt, um einen europäischen Buntfalk zu beobachten. Das gilt auch für den Eleonorenfalk und den Rotfußfalk im Mittelmeerraum. Andere Habichte sehen es auf Vögel ab, die sich auf ihre Schlafplätze zurückziehen. Insbesondere kleinere Habichtartige neigen zu dieser Jagdtechnik. In einem Vogelschutzgebiet der Britischen Gesellschaft für Vogelschutz ist es beinahe zu einem allabendlichen Ritual geworden, einer Sperbergruppe dabei zuzusehen, wie sie sich ihre Abendmahlzeit aus einem Starenschlafplatz in einem breiten Schilfgürtel holen. Greifvögel können auf ihren Schlafplätzen auch selbst angegriffen werden. In Europa fallen sie nachts zum Beispiel dem riesigen Uhu zum Opfer. Auch Vögel von der Größe eines Rauhfußbussards, eines Habichts oder Mäusebussards, sind da nicht sicher.

Oben: Ein rüttelnder Turmfalk. Viele Greife, insbesondere die Turmfalken, verwenden auf der Jagd den Rüttelflug.

Das wichtigste Sinnesorgan auf der Jagd ist das Sehvermögen. Das Greifenauge besitzt eine außerordentliche Sehschärfe. Hochentwickelte Fernsicht ist eine bedeutende Voraussetzung, um im segelnden Flug die Beute auszumachen. Viele Greife erkennen eine mögliche Nahrungsquelle über eine Entfernung von 3,2 km oder mehr, und zwar auch dann, wenn sie aus großer Höhe jagen. Geier verlassen sich auf ihr Sehvermögen, wenn sie hoch in der Luft auf der Suche nach Aas kreisen und Aktivitäten anderer Artgenossen und Tiere beobachten, die sie zu einem Mahl führen könnten.

Die Arten, die mit großer Geschwindigkeit jagen (z. B. einige große Falken und Habichte) müssen auf den Bruchteil einer Sekunde genau manövrieren können. Sehr oft beweisen sie dabei ihre Fähigkeit, äußerst wendige Flugmanöver ausführen zu können, gerade wenn sie es mit fliegender Beute zu tun haben. Diese Greife und die anderen, die fliegende Insek-

Links: Ein badendes Sperbermännchen. Greifvögel suchen Wasser hauptsächlich zum Baden auf.

Links: Diese graphische Darstellung veranschaulicht verschiedene Jagdweisen: (a) Nach kurzer Verfolgung schießt ein Habicht hinter einen fliegenden Vogel und greift seine Beute, wie dargestellt, von unten. (b) Wanderfalken jagen, indem sie von einem beeindruckenden Sturzflug aus ihre Beute erschlagen. (c) Ein kreisender Adler kann schnell absteigen und durch Ausnutzung der vorhandenen Deckung sein Opfer überraschend erlegen.

Oben: Ein Habichtsadler beim Fressen. Die Beute kann an Ort und Stelle verzehrt werden. Aber häufiger wird sie zu einem bevorzugten Kröpfplatz gebracht.

ten fangen, legen ein Verhalten an den Tag, das eng mit ihrem ungewöhnlichen Sehvermögen zusammenhängt.
Meist glaubt man, daß Greifvögel sehr aktiv sind und sich rasch bewegend aus der Luft jagen, was allerdings nur für wenige gilt. Die Mehrzahl sind auf der Beutesuche verhältnismäßig langsame, geduldige und untätige Vögel. Viele halten Ausschau von einer passenden Warte aus, die sich meist ein gutes Stück über dem Erdboden befindet. Dort bleiben sie für lange Zeit ruhig sitzen und mustern die Umgebung nach Anzeichen ab, die das Vorhandensein von Beute verraten könnten. Je nach Greifart und Gelände können Klippen, hohe Felsen, Bäume oder Telegraphenmasten solche Warten sein. In Wäldern sitzt ein Sperber oder Habicht oft völlig regungslos auf einem unteren Ast – bis auf den sich unaufhörlich bewegenden Kopf. Dagegen startet ein Merlin im offenen Moorgelände seine Ansitzjagd von einem Zaun oder Gesteinsbrocken, ja selbst von einem Erdbuckel aus. Von Zeit zu Zeit werden die Sitzplätze gewechselt, und die Geländeüberprüfung beginnt von neuem. Ein vorbeifliegender Vogel oder ein anderer, der auf dem Boden oder in einem nahen Baum auftaucht, läßt einen Habicht oder Merlin blitzschnell in Aktion treten. Ein erfolgreicher Beuteschlag ist bei Vögeln mit solcher Schnelle und Wendigkeit sehr oft eine äußerst kurze Sache. Manchmal entwischt die Beute, und eine regelrechte Treibjagd beginnt. Insektenfresser machen kurze Ausfälle in der Luft oder fliegen im Sturzflug zu Boden. Bei der Jagd auf Säugetiere streicht ein Greif in langsamem Gleitflug über den Boden, um sich dann steil abwärts mit jäh gesteigerter Geschwindigkeit auf die Beute zu stürzen. Der Beute gelingt es häufig, dem ersten Angriff zu entgehen. Wenn dies geschieht, beenden viele Habichte ihren Beutezug des öfteren mit einer kurzen Verfolgungsjagd auf dem Boden.
Zäune, Telegraphenmasten und die Drähte am Rande einer Straße sind gute Ansitzplätze. Kleine Beutetiere sind am Straßenrand oft ohne Deckung, noch mehr auf der Fahrbahn. Was dann passiert, ist leicht vorherzusehen. Außerdem scheucht der vorbeifahrende Verkehr andere Tierarten, besonders Vögel auf. Dasselbe gilt für die Geländestreifen neben Eisenbahnlinien in tropischen Ländern, wo kleine Habichte und Falken von der Unruhe profitieren, die ein vorbeiratternder Zug hervorruft. Außerdem werden Bodentiere und Vögel häufig von den Fahrzeugen getötet oder verwundet, so daß die Aasfresser und Abfallvertilger (z. B. Milane und amerikanische Geier) hier eine reiche Speiseauswahl finden. In manchen Gebieten Großbritanniens sitzt der Mäusebussard gewöhnlich auf Telegraphenmasten neben der Straße. Höchstwahrscheinlich sind alle schottischen »Steinadler«, die sich unmittelbar am Straßenrand in der Luft beobachten lassen, lediglich Bussarde. Unkenntnis und die ungenaue Beobachtung aus dem fahrenden Auto heraus täuschen hier leicht den Fremden.
Zwar lassen sich viele Raubvögel auf kurze Verfolgungsjagden am Boden ein, doch gehört die Jagd oder Beutesuche auf dem Boden nur bei wenigen zur normalen Ernährungsweise. Einige Karakaras und beide Singhabichte machen das. Andere, wie der Rotmilan und der Mäusebussard, klappern Felder am Boden nach Würmern und größeren Insekten ab.

Oben: Ein Schakalbussard beim Erlegen einer Eidechse. Viele Arten greifen ihre Opfer auf dem Boden durch direktes Zustoßen oder nach einer kurzen Verfolgungsjagd.

Ein wichtiger Bestandteil der Ernährungsweise des Wespenbussards ist das Herumstreichen auf dem Erdboden, um Wespen- und Bienennester aufzuspüren und anzugreifen. Ein nahezu echter Bodenvogel ist der Sekretär, der den größeren Teil des Tages am Boden verbringt, wo er mit weiten Schritten dahinstolziert, etwa in der Gehgeschwindigkeit eines Erwachsenen. Von Zeit zu Zeit stampft der Sekretär, immerhin der längste Greif (130 bis 150 cm, 70 cm Schwanzlänge), auf den Boden, wodurch seine Beute häufig aufgestört oder gescheucht wird. Dann packt er sie und tötet sie mit einem schnellen Schnabelhieb. Bei etwas größeren Tieren, zum Beispiel Eidechsen und Schlangen, stampft der Sekretär mehrmals auf sein Opfer und tötet es dabei mit den Fängen.

Viele Greifvögel rütteln, insbesondere die verschiedenen Turmfalkenarten, die Gleitaare, einige Schlangenadler und der Rauhfußbussard. Der Rüttelflug bietet ihnen so etwas wie eine »Himmelswarte«, wo sie in der Luft stehend das Gelände unterhalb inspizieren können. Viele Säugetiere und vermutlich die meisten Insekten schauen in der Regel nicht nach oben, so daß ein Angriff aus der Luft mehr Erfolg verspricht als direktere Attacken. Natürlich können die Beutetiere durch das Rütteln eher bemerken, daß ihnen von einem Raubvogel Gefahr droht, während eine Ansitzjagd unauffälliger ist, da die Warten zumindest teilweise verdeckt sind. Falsch wäre es, im Rütteln eine effektivere Beutesuche zu sehen als im langsamen, niedrigen Segeln oder Kreisen, das viele jagende Greifvögel praktizieren. Auch hier ist die Flugtechnik dem Nahrungserwerb gut angepaßt. Ohne Zweifel unterbrechen viele den Segelflug mit kurzen Rüttelperioden, manchmal sehr ungeschickt. Selbst die schnellsten Jäger setzen diese Technik von Zeit zu Zeit ein: Der Verfasser hat

Oben: Ein als Beizvogel abgerichteter Wanderfalke bedeckt seine Beute mit den Flügeln in Abwehrhaltung, ein übliches Greifvogelverhalten.

jagende Wanderfalken beim Rütteln beobachtet, sowohl im Winter über Marschgebieten an der Küste wie an Berghängen während der Brutzeit. Segelflug in größerer Höhe hat oft nichts mit dem Aufspüren von Beute zu tun. Allerdings bilden die Geier hier eine wichtige Ausnahme.

Greife, die im Fluge jagen, verwenden verschiedene Jagdweisen. Steinadler sind etwa dabei beobachtet worden, wie sie Vögel in vollem Flug erlegen, sogar in großer Höhe. Manchmal greifen sie ihre Opfer in einem gewaltigen Sturzflug von oben, wobei die Fluggeschwindigkeit bis zu etwa 160 km/h erreichen kann. Üblicher ist eine eher zähe und hartnäckige Jagdweise, die auch das Musterbeispiel für eine der gebräuchlichsten Jagdmethoden bei den Greifen ist. Im wesentlichen besteht dieses Verfahren in Ausdauer und Gründlichkeit, gekoppelt mit einem stets möglichen Überraschungseffekt. Der Vogel kann einige Zeit im Gleitflug verbringen; dabei streicht er rasch über das Gelände, in der Hoffnung, solch gute Beute wie Schneehühner oder Hasen zu überraschen, die sich für einen Moment aus ihrer Deckung hervorgewagt haben. Wird eine Beute entdeckt, dann beschleunigt der Adler seinen Flug außerordentlich und schlägt blitzschnell auf seine Beute herab.

Auf einer solchen Jagd kann es einem Steinadler passieren, daß ihn kleinere Vögel, etwa Nebelkrähen, verfolgen und belästigen, wenn er ihr Territorium durchfliegt. So etwas veranlaßt einen Adler selten, seine Richtung zu wechseln, abgesehen von einem gelegentlichen Ausweichen. Aber diese Scheinangriffe können eine mögliche Beute wachsam machen. Schneehühner fliegen beispielsweise häufig in Panik auf, wenn sie einen Adler sichten. Von Interesse ist hier, daß ohne den Vorteil der Flughöhe, im Horizontalflug also, ein Steinadler keinem Schneehuhn gleichkommt.

Manchmal gleitet der Adler langsamer und näher am Boden scharf um große Felsen herum und gelegentlich durch Schluchten und Rinnen. Dabei steuert er mit kleinen Schwanzbewegungen und Schlagen der Flügelspitze, erhält sein Flugmomentum durch ein paar tiefe Flügelschläge und fliegt so mit steter Geschwindigkeit ein großes Gelände ab, jeden Winkel durchforschend. Es kann vielleicht eine halbe Stunde dauern, bis sich bei einer solchen sorgfältigen und unablässigen Beutesuche eine Möglichkeit bietet. Wenn der Angriff nicht gelingt, kann der Adler noch für Stunden auf der Jagd sein.

Auch eine Weihe jagt dicht über dem Boden in verhältnismäßig langsamem Suchflug. So streicht sie durch die weite offene Landschaft, die ihr Jagdrevier bildet, stets auf der Ausschau nach Beute. Vermutlich achtet sie auch auf Geräusche. Ihr Flug ist leb- und wechselhafter als der vieler Großgreife. Oft wird die Richtung geändert, ein langer Gleitflug durch kurze, schnelle Strecken und gelegentliches Platzrütteln unterbrochen. Bei ihrer kleinen Beute, die oft kaum auszumachen ist, dauert die Jagd lange. Wahrscheinlich erlegt eine Weihe eine ganze Anzahl Kleintiere pro Tag und mehr noch, wenn es eine Familie zu füttern gilt. Für einen Vogelfreund gibt es selten etwas so Schönes, wie diese anmutigen, langflügeligen Vögel auf der Jagd zu beobachten, besonders an windigen Tagen.

Es ist hauptsächlich die Verbindung von langandauerndem Flug, langsamer Fluggeschwindigkeit und niedriger Flughöhe, die eine Weihe zu einem derart geschickten Jäger macht. Auch der größere Gaukler, eine häufige Erscheinung am afrikanischen Himmel, jagt im Flug und streift stundenlang über große Gebiete. Aber seine Fluggeschwindigkeit erreicht bis zu 64 km/h. Es scheint, daß der Gaukler die mit der hohen Geschwindigkeit gegebenen schlechteren Sichtverhältnisse durch die viel größere Flughöhe als bei den meisten Weihen kompensiert.

Insektenfressende Arten haben eine außerordentlich scharfe Wahrnehmung und sind sehr wendige Flieger. Vögel wie der Baumfalk jagen und fressen häufig zur gleichen Zeit, wobei sie die Beute mit den Fängen greifen und dann zum Schnabel führen. Sie nehmen ihr Mahl praktisch während des Fluges ein. An einem warmen englischen Sommerabend beobachtete der Verfasser mit Kollegen einen europäischen Baumfalk, der Sommerkäfer verspeiste, große, runde Insekten, in dichten Scharen über einem Kornfeld. Der Vogel kreuzte in einer Höhe von 9 bis 12 m auf und nieder, griff seine Beute mit einem Fuß in regelmäßigen Abständen. 23 Minuten lang fing und fraß er etwa alle 15 Sekunden einen Käfer. Während dieser einen Nahrungssuche müssen ungefähr hundert Käfer verzehrt worden sein.

Der Baumfalk und einige seiner Vettern zählen zu den schnellsten Flugkünstlern unter den Raubvögeln. Sie sind alle Meister, wenn es darum geht, einen sich in vollem Flug befindenden Vogel zu fangen. Auch wenn diese Falken häufig das Überraschungsmoment und den Geschwindigkeitsvorteil ausnützen, den ein Sturzflug aus großer Höhe schafft, können sie die meisten Vögel im Horizontalflug einholen. Sie verfügen über eine große Manövrierfähigkeit. Auch Flugkünstler wie Schwalben und Segler sind nicht sicher, wenn sie ein Baumfalk überfällt. Der Merlin gehört auf Vogeljagd gleichermaßen zu den Meistern im Fliegen. Jedoch ist der Wanderfalk ohne Zweifel der Vogeljäger und Flugkünstler par excellence. Zwar kann er im Horizontalflug weder ein ge-

Unten: Ein erwachsener Weißkopfseeadler beim Kröpfen eines Fisches. Diesem Adler macht die Jagd auf Fische und andere lebende Tiere keine Schwierigkeiten, aber er vertilgt genauso gerne auch Abfall und ganz verschiedene Aassorten.

Oben: Die Seeadler sind sehr gute Fischfänger. In dieser erstaunlichen Aufnahme sieht man, wie ein Weißbauchseeadler einen Fisch an der Wasseroberfläche gefaßt hat.

sundes Schneehuhn noch einen Goldregenpfeifer oder eine gewöhnliche Taube einholen, aber dennoch vermag er viele dieser Vögel zu erlegen. Er nützt seine große Flughöhe und stürzt hoch aus der Luft mit angelegten Schwingen auf seine Beute herab. Seiner Geschicklichkeit entgeht kaum ein Opfer. Oft tötet schon die Wucht des Aufpralls, erreicht doch ein solcher Sturmangriff geschätzte Geschwindigkeiten bis zu 320 km/h. In Moorgebieten kann man so auch bemerkenswerte Unterschiede in der Reaktion eines Schneehuhns auf einen jagenden Adler und Wanderfalken beobachten: Ein fliegendes Schneehuhn vermag dem Adler oft zu entkommen, während es eher am Boden verharrt, wenn ein Wanderfalk in der Nähe auftaucht.

Greife, die in bewaldetem Gelände und in Wäldern ihre Beute erlegen, verwenden meistens die Ansitzjagd von Warten und starten von da aus kurze Ausfälle und überraschende Angriffe. Diese Regel gilt nicht nur für die Waldfalken und die kleinen Habichtartigen, sondern auch für den massigen, aber gleichgebauten Harpyien- und den Affenadler. Eine andere Jagdweise besteht darin, in einem Wald unter geschicktester Ausnutzung jeglicher Deckung durch die Bäume zu streifen. Der Beuteschlag geschieht dann als jäher Überfall aus vollem Flug. Die meisten kleinen Sperber jagen regelmäßig nach dieser Technik, durch Wälder, an Hecken entlang, selbst zwischen Häusern und Gärten. Die Art und Weise, wie sie die vorhandene Deckung und die »toten Blickwinkel« einsetzen, ist erstaunlich. Ein typisches Kennzeichen eines jagenden Sperbers ist die wiederholte Abfolge von einem raschen, wütenden Zustoß eine Heckenseite hinunter und dem folgenden Sprung über die Hecke – erneutes Zustoßen und wieder ein kurzer Flugschlag zurück zur ersten Seite. Der Verfasser folgte einmal einem Sperber, der entlang einer Straße in Wales auf diese Weise jagte. Seine Fluggeschwindigkeit erreichte nach dem Tachometer geschätzte 64 km/h. Die Hauptwaffe ist Überraschung im Verein mit Geschwindigkeit und großer Wendigkeit. Doch verfolgen Sperber auch andere Vögel im offenen Gelände mit großer Ausdauer. Dabei können sie ohne weiteres die meisten Vögel einholen. Nur wirklich äußerst schnelle Vögel entkommen. Die Kühnheit jagender Sperber ist eine bekannte Tatsache. Sie achten weder auf Menschen noch auf Tiere und fliegen ihrer Beute öfters auch hinterher, wenn diese in einem Gebäude Schutz sucht. Häufig wird von Zusammenstößen mit Fensterscheiben berichtet. Man will sogar beobachtet haben, wie sich Sperber im Sturzflug nach ihrer Beute unentwirrbar in Hecken und Dickicht verstrickt haben. Manche Sperber jagen genauso gerne auf Kleinsäuger. Zum Beispiel hält ein amerikanischer Rundschwanzhabicht so lange Ausschau, bis sich ein Eich- oder Streithörnchen ins ungeschützte Gelände hervorwagt. Dann erfolgt ein überraschender, plötzlicher Zustoß von der Warte her. Auf dieselbe Weise erlegen Habichte in Europa, Nordamerika und Australien sowohl Säugetiere wie Vögel. Fledermäuse im vollen Flug machen dem Buntschwanzhabicht keine großen Schwierigkeiten: Trotz der beträchtlichen Geschwindigkeit und Wendigkeit dieser eigenartigen fliegenden Säuger entkommen sie ihm nicht.

Eine Reihe von Habichtarten sind Meister im Fischfang.

Dem Fischadler gehört ohne Zweifel der erste Preis unter den fischenden Greifen, obwohl auch viele Seeadler, insbesondere der Schreiseeadler, die beiden asiatischen Tauchadler und der Schwarzhalsbussard, auf Fischbeute spezialisiert sind. Viele fischen aus der Luft oder von einem Ansitz oberhalb oder nahe am Wasser. Mit einer Klaue greifen sie sehr gekonnt die dicht unter der Wasseroberfläche schwimmenden Fische. Der Schwarzhalsbussard und die Tauchadler können zudem nach Beute tauchen.

Unter Umständen fischt auch der Echte Fischadler von einer Warte aus. Häufiger kreist er allerdings bis zu 30 m über dem Wasser, wobei er intensiv nach unten starrt und manchmal einen relativ ungelenken Rüttelflug einlegt. Kaum hat er einen Fisch fixiert, stößt der Adler im Sturzflug mit angewinkelten Schwingen nach unten. Im letzten Augenblick streckt er die Fänge nach vorne, vor den Kopf, um die Beute fassen zu können, und taucht ins hoch aufspritzende Wasser ein. Oft ist sein Eintauchen ins Wasser weithin vernehmbar. Nur einen Moment ist der Fischadler verschwunden, dann erhebt er sich aus dem Wasser und richtet den Fisch schnell in den Fängen zur Flugrichtung aus. Man glaubt sich an die Art und Weise erinnert, wie ein Lufttorpedo unterm Flugzeug getragen wird. Kaum zwei bis drei Meter in der Luft, noch vor dem Heimweg zum Horst oder Kröpfplatz, schüttelt er mitten im Flug kräftig das Gefieder, so daß alle anhaftenden Wassertropfen wegspritzen. Dieses Schütteln ist ein charakteristisches Merkmal des Fischadlers. Der Weißbauchseeadler ist nicht nur ein sehr geschickter Fischräuber, er weist zudem eine eigene Sonderanpassung auf: Die häufig von Indien bis Australien im Südosten verbreiteten Seeschlangen machen mit den Hauptteil seiner Kost aus. Sie fallen dem Seeadler anheim, wenn sie zum Atmen an die Oberfläche kommen.

Die großen Seeadler lassen sich keine Gelegenheit entgehen, schwimmende Wasservögel anzugreifen und zu erlegen, insbesondere, wenn diese Anzeichen von Schwäche oder

Oben: Sperbergeier im Streit um einen Kadaver. Einzelne Vögel sichern ihre Vormachtstellung je nachdem, wie hungrig sie sind, und verlassen das Aas erst dann, wenn sie vollgepfropft sind.

Krankheit zeigen. Der Weißgeschwänzte Seeadler verfolgt zum Beispiel Seetaucher und andere Vögel. Dabei zwingt er sie immer wieder, ihm durch Tauchen zu entkommen. Diese Verfolgungsjagd hält der Adler mit so viel Ausdauer aufrecht, bis das verzweifelte Opfer eine leichte Beute wird. Ein Adlerpaar führt einen solchen Beutezug auch als aufeinander eingespielte Treibjagd durch. Dann hat die verfolgte Beute kaum eine Chance zur Flucht. Eine ähnliche Taktik verwendet der amerikanische Weißkopfseeadler. Während ein Greifvogelpaar häufiger die von einem Partner herbeigeschaffte Beute gemeinsam verzehrt, bildet die enge Zusammenarbeit auf der Jagd eher eine Seltenheit.

Nahrungsparasitismus, der darin besteht, lieber einem anderen Räuber die erlegte Beute abzujagen als selber eigene Beute zu suchen, ist eine bekannte Erscheinung bei einigen Vogelfamilien. Solche Piraten sind allerdings unter den Greifen selten. Die Hauptvertreter des Freibeutertums sind die eher allesfressenden und Abfall vertilgenden Arten, etwa einige Milane und Seeadler. Vom Weißkopfseeadler, einem großen und mächtigen Mitglied der *Haliaëtus*-Gruppe, weiß man, daß er Fischadlern die Beute abnimmt. Der größere Adler verfolgt und belästigt den kleineren Fischadler so unnachgiebig, daß dieser schließlich seinen Fang fallen läßt. Noch in der Luft greift sich der Adler dann die Fischbeute. Zudem wurde beobachtet, daß Weißkopfseeadler Geier so sehr stören und bedrängen können, daß diese frisch gekröpfte Nahrung ausspucken. Andere Arten verwenden solche Freibeutermethoden höchstens gelegentlich, mit Ausnahme einzelner Exemplare, die aus Gewohnheit zu Piraten werden. Der europäische Turmfalk wirkt nicht unbedingt wie ein Vogel, der fürs Banditentum ausgerüstet wäre. Der Verfasser konnte jedoch einen Turmfalken dabei beobachten, wie er eine im vollen Tageslicht jagende Schleiereule verfolgte und ihr ohne größere Schwierigkeiten eine Wühlmaus aus den Fängen riß.

Es ist vermutlich richtig, davon auszugehen, daß alle Greif-

Oben: Eine Rohrweihe auf der Beute. Weihen jagen viele verschiedene kleinere Tiere und Vögel.

Oben: Ein Schwarzbrustschlangenadler verschlingt wie seine Artgenossen kleinere Schlangen ohne sie zu zerreißen. Die Schlangen erbeuten sie gewandt und vorsichtig, denn die Schlangenadler sind nicht immun gegen Schlangengift. Unser Schlangenadler (Vorkommen: Mittelmeerländer) ist deutlich größer als ein Bussard, oberseits graubraun. Auf der Unterseite befinden sich schwach rostbraune Querflecken auf hellerem Grund. Im Flug erscheint der Schlangenadler von unten bis auf die abgesetzte dunklere Vorderbrust und Kehle als nahezu weiß gefärbt. Er horstet meist auf Bäumen.

arten, die wir heute kennen, von Abfall- und Aasvertilgern herstammen, denn der urtümlichste Greifvogel, der *Lithornis*, war ein geierartiger Vogel. Sein Verhalten ähnelte wahrscheinlich dem der Neuweltgeier. Jedenfalls ist es so, daß diejenigen Arten, die zu den urtümlichen Greifformen gerechnet werden, sich von Aas und Abfällen ernähren. Doch ist dieses Verhalten auch nicht unter den Arten verschwunden, die eine weitere Stufe auf der Stammesentwicklung erklommen haben. In der Gattung *Aquila* finden wir zum Beispiel, daß der Steinadler häufig auch Aas frißt, wenn sich keine lebende Beute finden läßt. Von seinem engen Vetter, dem Raubadler, weiß man ebenso, daß er Abfällen nicht abgeneigt ist. Die kleineren Geier und Arten wie der Schwarzmilan und der Brahminenweih können alles Eßbare, ob tierischen oder pflanzlichen Ursprungs, verzehren. Solche Abfallvertilger leben oft in enger Gemeinschaft mit primitiven menschlichen Ansiedlungen und verlassen sich in manchen Gegenden völlig auf menschliche Abfälle als Hauptnahrungsquelle.

In westlichen Gesellschaften neigt man leicht dazu, Müllabfuhr und Müllbeseitigung als etwas Selbstverständliches zu betrachten. Bei uns würde man wohl kaum Tierkadaver und verrotteten Abfall sehen, die einfach herumliegen, bis sie zerfallen sind. In anderen Regionen, zumal in den Tropen, ist so etwas ganz und gar die Regel. Daher kann man nicht oft genug betonen, daß die Abfall und Aas fressenden Greifvögel (zusammen mit Hyänen, Schakalen, Marabu-Störchen und anderen) eine wichtige und wesentliche Rolle bei der Beseitigung von Unrat und bei der Einschränkung der Verbreitung von Krankheitserregern spielen – ganz gleich, ob man nun einen instinktiven Abscheu gegen diese Tiere hat oder nicht.

Geier finden einen Kadaver schnell, entweder durch eigene Beobachtung oder anhand des Verhaltens anderer, entfernter Artgenossen, anderer aasessender Vögel und verschiedener Unratvertilger. Sie gleiten mit beträchtlicher Geschwindigkeit heran, oft aus großer Höhe und Entfernung. Häufig treffen sie in großer Zahl bei einem toten Tierkörper zusammen und je nach Hunger setzen sie sich zeitweise gegen ihre Genossen beim Mahl durch. Manchmal vertilgen sie den Tierleichnam gemeinsam in einer lauten, drängelnden Menge. Selbst große Kadaver werden auf diese Weise in ein bis zwei Stunden, manchmal noch rascher, bis auf die blanken Knochen abgefressen.

Der Ohren- und Mönchsgeier, die größten und kräftigsten Arten, dominieren am Aas über die Sperber- und andere Altweltgeier. Häufig sind beide Nachzügler, denen es keine Mühe bereitet, ihre Vettern wegzuschubsen, um ihr Mahl

Rechts oben: Im Gegensatz zum Volksglauben fressen Echte Adler wie dieser Raubadler auch Aas.

Rechts: Ein unreifer Schmutzgeier, der gerade einen Stein auf ein Ei fallen läßt, um die harte Schale aufzubrechen, der einzige Werkzeuge verwendende Greifvogel.

Folgende Doppelseite: Ein fischender Schreiseeadler, den das Gewicht seines Beutefischs ins Wasser gezogen hat. Seine Heimat ist das Afrika südlich der Sahara, wo er entweder auf trockenen Ästen im Umkreis von Gewässern oder bei Ebbe an der Küste auf Korallenriffen sitzt und Ausschau hält, wenn er nicht auf der Suche nach Fischen übers Wasser dahinsegelt. Aus großer Höhe stößt er dann auf den erspähten Fisch herunter. In wasserreichen Landschaften ist sein gellendes Lachen, dem Mövenlachen ähnelnd, weithin vernehmbar.

ungehindert verzehren zu können. Einen Kadaver zu öffnen, ist selbst für die größten Geier eine mühselige Arbeit. Von anderen Raubtieren angefressene Beutereste sind da ein besseres Angebot. Doch wenn schließlich ein Loch im Tierkörper ausgehöhlt ist, bleibt alsbald nichts mehr übrig. Mit dem langen Hals reichen die Geier weit in die Leibeshöhle des Kadavers. Manchmal verschwinden sie beim Fressen regelrecht im Kadaverinneren.

Die kleineren Arten, die einen schwächeren Schnabel haben, und der Lämmergeier, der trotz seiner Größe kein dominierender oder aggressiver Vogel ist, müssen warten, bis die größeren Geier ihr ekliges Werk begonnen haben. Dann können sie hinzukommen, bleiben aber am Rand, wo sie die kleineren Stücke aufpicken, bis ihnen endlich die großen Geier den Tisch räumen und sie im Verein mit anderen Aasessern wie den Milanen und Raben Nachlese halten.

Geier können viele kleine Aasliebhaber vertreiben, doch der Marabu ist kräftig genug, um ihnen zu widerstehen. Auch Säugetieren wie Wölfen und Hyänen gelingt es, Geier vom Aas zu verjagen.

Der Lämmer- oder Bartgeier unterscheidet sich sehr stark von seinen aasfressenden Vettern. Von seiner absonderlichen Ernährungsweise konnte man schon in antiken Schriften lesen, doch wurde dieses Verhalten erst in jüngster Zeit bestätigt: er ist der einzige Vogel, der hauptsächlich von Knochen lebt. Er trägt große Knochen in die Luft und läßt sie aus gut 60 m Höhe auf Felsen fallen, wo sie zerschellen und das Mark freigeben. Dieses Manöver wird in Windrichtung ausgeführt, wobei der Geier sich nach dem Wind ausrichtet, sobald er den Knochen fallen gelassen hat. Damit kann er sofort hinunterschießen und vor Konkurrenten bei den Knochensplittern ankommen. Andere Aasfresser heften sich nämlich dem Bartgeier manchmal richtig an die Fersen.

Die Rolle der Greifvögel in bezug auf ihre Nahrungsquellen ist häufig mißverstanden und falsch dargestellt worden. Ganz allgemein gesehen gibt es im Haushalt der Natur ein biologisches Gleichgewicht zwischen Jäger und Gejagtem. Ein Räuber rottet seine Nahrungsquelle nicht aus, noch bewirkt er Veränderungen in seinem Beutetierbestand, abgesehen von rein örtlichen oder zeitlichen Gegebenheiten. Jede Art erzeugt mehr Einzelexemplare als zur Erhaltung der entsprechenden Population erforderlich ist. Krankheiten, die Unfähigkeit, einen passenden Lebensraum zu finden, Raubtiere und andere Sterblichkeitsfaktoren reduzieren den jeweiligen Bevölkerungsüberschuß. Ein Teil fällt den Raubvögeln zum Opfer. Oft wird behauptet, daß die Greife die Anzahl der Beutetiere kontrollieren. Tatsächlich ist das Gegenteil der Fall: Der Greifvogelbestand – Anzahl, Bruterfolg und so weiter – hängt hauptsächlich vom Nahrungsangebot ab.

Schottische Steinadler sind ein gutes Beispiel. Diese großen, räuberischen Vögel sind in den letzten drei Jahrzehnten genau studiert worden. Dennoch werden sie und ihr Verhältnis zu Vieh und Niederwild immer noch falsch verstanden. Der Lebensraum eines Adlerpaares in Schottland umfaßt zwischen 5178 und 7250 ha. Dieses Gebiet muß zwei brütenden Altvögeln jedes Jahr genügend Nahrung bieten. Dazu kommt der Futterbedarf für Junge, was auf ein Jahr aufgeteilt durchschnittlich etwas weniger ausmacht als die Nahrung eines Nestlings. Schließlich können noch ein bis zwei ausgewachsene oder junge Einzelgänger vorhanden sein. Der Nahrungsbedarf (wie man aufgrund genauer Untersuchungen berechnen kann) dieser Vögel in einem Brutrevier macht jährlich etwas mehr als 450 kg aus. In den bislang untersuchten Gebieten hat sich herausgestellt, daß die vorhandene Gesamtmenge an Beute und Aas (abgesehen von unüblicher Beute, der sich die Vögel zuwenden, wenn Nahrungsmangel sie zwingt) etwa das Zehn- bis Zwanzigfache umfaßt. Man wird also sofort begreifen, daß ein Brutrevier einen Beuteüberschuß aufweist und daß die Adler damit nur einen geringen Einfluß auf den gegebenen Tierbestand ausüben. Zwar haben die Forschungen in anderen Ländern gezeigt (insbesondere in den Vereinigten Staaten), daß Zuggreifvögel den Bestand der Beutearten während des Winters vermindern können, aber diese Einbußen sind nicht ausgeprägt genug, um das jährliche Grundmuster zu verschieben. Bisher unternommene Studien über andere Greifarten bestätigen im großen und ganzen die Ergebnisse für die schottischen Adler.

In Schottland machen Vögel etwa 25 bis 30% der Adlerbeute

Unten: Eine australische Gesprenkelte Weihe und ihr Junges. Größere Beutestücke werden zerrissen und den Jungen in kleineren Stücken gefüttert. Die auch Australweihe genannte Art lebt auf Celebes, Sumba und in Australien. Auffällig sind die quergebänderten, gefiederten Läufe.

Oben: Ein Fischadler beim Füttern der Jungen. Selbst verhältnismäßig große Nestlinge werden von den Altvögeln noch einige Zeit gefüttert, bis sie dann schließlich für sich selbst sorgen können.

aus. Das schottische Moorschneehuhn, ein beliebtes Wild, das etwa 566 g wiegt, ist eine bevorzugte Kost der großen Adler. Dennoch ist die verbreitete Behauptung Unsinn, daß ein Steinadler eine große Anzahl Moorschneehühner schlägt. Durchschnittlich braucht ein Steinadler täglich etwa 7% seines Körpergewichts (zwischen 3,6 und 4,5 kg), um zu überleben. Er tötet nicht mehr als diese Menge. Selbst wenn man annimmt, daß 20% der Nahrung pro Schneehuhn vergeudet wird, bleibt die Anzahl der tatsächlich gegriffenen Hühner trotzdem weit geringer als Wildhüter behaupten. Ein Wildhüter versicherte dem Verfasser, daß die lokalen Adler wöchentlich zwischen 20 und 30 dieser Rauhfußhühner töten würden – eine eindeutig absurde Annahme. Zudem haben detaillierte Untersuchungen über die schottische Schneehuhnpopulation ergeben, daß Verluste durch Adler, Füchse und andere Räuber nicht mehr als 7% der jährlichen Sterblichkeitsrate ausmachen. Geringfügig davon abweichende Ergebnisse haben andere Forschungsarbeiten über das Verhältnis zwischen Greifvogel und Niederwild erzielt, aber keine zeigt, daß die jeweiligen Greife den Beutebestand ernsthaft beeinträchtigen.

Gerade in Westschottland brütet der Adler in einem Gebiet mit weit verbreiteter Schafzucht. Die Schafe haben hier die natürlichen Beutetiere des Adlers verdrängt. Daher bildet Aas eine bedeutende Nahrungsquelle, zumal im Winter. Es wäre nun falsch zu behaupten, ein Adler tötet niemals ein Lamm – sie tun es, doch nur selten und nur dann, wenn die Lämmer schwächlich oder krank sind. Die überwiegende Mehrzahl der in einen Horst gebrachten Lämmer (und manche Adler holen sich schon eine Menge) wurden tot gegriffen. Nicht die Raubvögel verursachen die große Sterblichkeit unter den jungen Bergschafen, sondern die Landnutzung, die dringend reformiert werden müßte. Zu ähnlichen Schlußfolgerungen kommen andere Arbeiten über Raubvögel und Viehhaltung. Von Raubvögeln ausgehende Viehverluste spielen meist eine wirklich untergeordnete Rolle, außer in den Fällen, wo der Mensch aus irgendwelchen Gründen heraus den Schutz des Viehs im ganzen grob vernachlässigt. Die Lösung ist fast immer eine bessere Viehhaltung und nicht ein erbarmungsloser Vernichtungsfeldzug gegen Raubvögel.

Es gibt überhaupt keinen Grund, den Steinadler als »Schädling« einzustufen. Weder ist die immer noch andauernde Verfolgung dieser Vögel durch einige Wildhüter und Schäfer durch irgend etwas zu rechtfertigen noch gibt es irgendeinen begründeten Anlaß für die Kriegszüge, die im Südwesten der USA gegen Adler geführt werden. Hier gilt die Jagd vom Flugzeug aus als Sport! Das gilt auch für das Blutbad, das australische Farmer unter den Keilschwanzadlern anrichten, oder für die trotz Verbot übliche Praxis, dem Habicht und Sperber mit Tellereisen nachzustellen. Die meisten Arbeiten über die Greifvögel beweisen, wie falsch diese Vögel verstanden worden sind. Nur sehr wenige Raubvögel haben je dem Menschen geschadet. Viele sind nützlich, und die meisten berühren menschliche Interessen überhaupt nicht. Freilich, wie wir im letzten Kapitel sehen werden, ist es etwas ganz anderes, die Öffentlichkeit von dieser neuen Tatsache zu überzeugen.

Brutbiologie

Ehe wir Paarung, Gelege, Brutplatzaktivität und Jungenaufzucht behandeln, sollten ein paar Worte über die fest umrissenen Gebiete gesagt werden, in denen Greifvögel leben, ihr Territorium oder – was dieser Vogelordnung eher entspricht – ihr Jagdrevier.

Viele Vögel besitzen ein festes Revier, was für ihr Brutverhalten von großer Bedeutung ist. Ein Revier ist das Territorium, in dem ein Vogel sein Nest baut und sich ernährt, und zwar unter Ausschluß anderer Artgenossen. Unter Umständen wird ein solches Territorium entschieden verteidigt, wobei der Vogel seine Anwesenheit in seinem Territorium gegenüber engen Artgenossen oder ganz anderen Arten von seinem Singplatz aus verkündet. Sowohl Stand- wie Streifvögel haben auch außerhalb der Brutzeit eine Art Revier. Andere Vögel, insbesondere Kolonienbrüter, beanspruchen überhaupt kein Revier, abgesehen vom unmittelbaren Umfeld der Niststätten. Sie können die Gebiete, in denen sie nach Nahrung suchen, mit Nachbarn und anderen Arten teilen.

Die meisten Greifvögel betrachten nur das Gelände um den Horst als ihr Territorium. Das Jagdrevier können sie mit anderen Individuen derselben Art teilen. Daher bezeichnet man gewöhnlich das ganze Aktionsfeld als Revier, nicht als Territorium, weil dies Gebietsverteidigung unterstellt. Einige Arten, etwa bestimmte nordamerikanische Mitglieder der Gattung *Buteo,* verteidigen bevorzugte Jagdreviere gegen Eindringlinge, ebenso ihr Brutrevier. Dieses Verhalten ist aber selten.

Die Revierbildung ist unter den Greifvögeln sehr unterschiedlich. Manche sind während der Brutzeit Einsiedler, andere sind gesellig und bilden Brutkolonien. Bemerkenswerte Beispiele sind einige Milane und Altweltgeier, der afrikanische Schreiadler, Fischadler und Falken, wie der Eleonoren-, Rotfuß- und Rötelfalk. Bei diesen Vögeln beschränkt sich das Brutrevier auf die engste Umgebung des Horstes, während sie die Jagdgründe teilen und auch gesellig Nahrung verzehren. Das andere Extrem bildet eine Art wie der Präriefalk, der seinen gesamten Lebensraum verteidigen kann. Auch bei anderen Greifen mag dieses Verhalten vorkommen, allerdings selten und nur in Gebieten, wo das individuelle Revier besonders klein ist.

Die meisten Arten, unabhängig von der jeweiligen Reviergröße (weniger als rund 130 ha bei vielen kleinen Habichtarten und Falken, oder 7767 ha bei großen Adlern), tolerieren Artgenossen und andere Greife, mit denen sie das Jagdrevier teilen. Zwei oder drei Wanderfalken- oder Steinadlerpaare können überschneidende Reviere haben, wo sie sich allerdings nicht aggressiv verhalten, während sie im Umkreis des Horstfelsens ihren Gebietsanspruch machtvoll verteidigen und jeden Eindringling verjagen.

Wir hatten festgestellt, daß das Nahrungsangebot ein Hauptfaktor für die Größe des Greifvogelbestands ist. Das Revier ist eine weitere Beschränkung, und zwar nicht nur, was den Beutebestand angeht. Wichtig ist auch das Vorhandensein entsprechender Horste und ihre räumliche Verteilung, weil die Raubvögel, die keine Brutkolonien bilden, nicht nahe beieinander nisten.

Greifvögel erklären ihren Gebietsanspruch gegenüber Artgenossen nicht durch Singen. Die meisten besitzen auch keine Verhaltensweise, die einen Revierinhaber signalisiert und die damit dieselbe Funktion übernehmen würde. Allerdings könnte es sein, daß ein anderes häufiges Verhalten denselben Zweck erfüllt, nämlich die bei einer Reihe von Arten so auffällige Gewohnheit, über dem Horstplatz zu kreisen. Eindringlinge werden im allgemeinen verjagt, häufig sogar mit großer Entschiedenheit. Unmittelbare Kämpfe sind dabei jedoch die Ausnahme. Ebenso werden andere Raubvögel, unabhängig davon, ob sie größeren oder kleineren Arten angehören, belästigt, wenn sie das Horstgelände über-

Links: Der Horst der Shikra, ein Sperber der Savannen Afrikas, Indiens und Südasiens. Der auch Kurzfangsperber genannte Greif gehört zu den in tropischen Ländern heimischen Mitgliedern der Accipiter-*Gruppe. In Afrika lebt der Trauerhabicht südlich der Sahara. Er ist ober- und unterseits schwarzgebändert. Der etwas kleinere Tachirohabicht besitzt dunkle Schwanzbinden. Der Akfrikanische Sperber weist eine einfarbig rotbraun getönte Unterseite auf.*

Rechts: Ein rufender Weißkopfadler. Viele Greife stoßen im Umkreis des Horstplatzes laute Rufe aus. Ansonsten sind sie eher stumme Vögel.

Oben: Ein angreifendes Kornweihenweibchen; Kornweihen gehören zu den wenigen Raubvögeln, die ihren Horst gegen anwesende Menschen wütend verteidigen. Weibchen und Männchen haben einen weißen Bürzel; das Weibchen ist hellgrau mit dunklen Flügelbinden und breiten gelblichen Streifen auf der Unterseite. Das aschgraue Männchen hat einen ungestreiften Bauch und keine Flügelbinde.
Die Kornweihe ist in der weiten, offenen und noch nicht völlig kultivierten Landschaft zu Hause. Ihren Horst findet man am Boden in Moor- und Heidegebieten, gelegentlich auch in Getreidefeldern. Kornweihen überraschen ihre Opfer in schnellem, dicht über den Boden dahinstreichendem Suchflug. Zur Beute gehören Kleinsäuger, vor allem Feldmäuse, dann Kleinvögel, Nestjunge und Eier. Zusatzkost können Eidechsen, Heuschrecken und Grillen bilden.

streichen. Dies gilt auch für sonstige Räuber aus dem Tierreich, zum Beispiel Hunde, Füchse und Leoparden. Nur verhältnismäßig wenige Greife werden einen Menschen angreifen. Man sollte auch erwähnen, daß andere nichträuberische Vögel auf Greifvögel »hassen«, indem sie zeternd auf diese zufliegen. Eine derartige Verhaltensweise muß für einen Raubvogel etwas ganz Alltägliches sein. Die Kleinvögel erhöhen ihre Überlebenschance, wenn sie auf das Erscheinen eines Greifvogels aufmerksam machen – erstaunlicherweise gerade damit, daß sie den Raubvogel belästigen. Andererseits kommt es auch vor, daß die Greife zurückschlagen, doch nur selten. Häufig kann man beobachten, wie Singvögel einen kleinen Falken oder Habicht verfolgen, wie Krähen und Möwen einen Bussard beschimpfen oder ein Adler von kleineren Vögeln gejagt wird.
Paarungszeremonien gewinnen große Bedeutung mit dem Beginn der Fortpflanzungsperiode. Manchmal beginnen sie schon im Winterquartier oder auf dem Heimflug bei den Greifzugvögeln. Bei Überwinterung in der Brutheimat können die Zeremonien an schönen Tagen gegen Winterende anfangen. Bei Vögeln wie dem Steinadler, die in Einehe leben, dienen die Paarungszeremonien dazu, den notwendigen Anreiz zur Paarung zu geben und die Paarbindung zu stärken. Andere Arten (etwa viele kleinere Habichte) verwenden solche Rituale auch zur Partnerwerbung. Selbst nach der Eiablage oder wenn die Jungen schon ein Stück herangewachsen sind, können solche Verhaltensweisen fortgesetzt werden, wenn auch weniger ausgeprägt als im Frühjahr. Sie spielen also eine bedeutende Rolle bei der Erhaltung der Paarbindung. Die meisten Balzzeremonien werden vom Männchen ausgeführt. Aber bei manchen Arten können die Weibchen an den Balzspielen teilnehmen, meist jedoch nur in geringem Umfange.
Zwar singen die Greifvögel nicht, sie besitzen auch häufig keinen so exotischen Paarungsschmuck, doch oft sind die Balzspiele von erstaunlicher Anmut, insbesondere bei den Arten, die sie im Fluge vollziehen. Viele waldbewohnende Arten, wie Sperber und bestimmte Habichte, ahmen den Werbungsgesang der Singvögel nach, indem sie einen auffälligen Sitz wählen und ununterbrochen rufen. Andere, einschließlich der *Accipiter,* vieler Bussarde und einiger Falken, segeln und rufen hoch überm Revier. Damit soll gewöhnlich die Anwesenheit eines Männchens signalisiert und um mögliche Partner geworben werden, ein Verhalten, das nach der Paarbildung fortgesetzt oder von einem Paar zusammen gezeigt werden kann.
Sehr viele Greife führen wunderschöne Flugbalzspiele vor. Sie finden häufig hoch überm Revier statt und können sich über ein weites Gebiet erstrecken. Zum Beispiel fliegen viele Habichte flache Wellen am Himmel und sausen wie viele kleine Falken oft 100 und mehr Meter nach unten, bremsen, holen mit einem wuchtigen Flügelschlag aus und steilen wieder empor. Dann beginnt das Spiel von neuem. Ein erstaunlich steiles, beeindruckendes und wellenförmiges

Oben: Schmutzgeier bei der Begattung, die sowohl mit als auch ohne Paarungszeremonie erfolgen kann.
Schmutzgeier lassen sich in Südeuropa beobachten. Der nur 70 cm große Geier vertilgt nicht nur frisches Aas, sondern alle möglichen Abfälle, sogar tierischen und menschlichen Kot. Seinen Namen hat er nicht wegen seines Aussehens erhalten, sondern wegen seiner Vorliebe für Unrat, dessen Beseitigung er übernimmt, eine wichtige Funktion in weniger entwickelten Gebieten.

Abfallen und Aufsteigen vollführen viele Falken und Bussarde. Besonders schön sind die Flugbalzspiele der Echten Adler und selbst des Sekretärs. Diese Vögel stürzen Hunderte von Metern nach unten, steilen wieder empor, um die ursprüngliche Flughöhe zu erreichen und beginnen diesen Ablauf wieder von vorne. Andere, wie der Raubadler, fallen stufenweise ab, wobei sie steile Sturzflüge und ein kürzeres Emporschwingen verwenden. Oft gehört zu diesem Auf und Ab eine kurze Rückenlage. Die Rohrweihe soll dabei gelegentlich einen Doppellooping geflogen sein. Der Kaffernadler zeigt eine andere Spielart: Sturzflüge, Emporschwingen, eine Kehre und dasselbe Manöver in der anderen Richtung. Das wiederholt sich immer wieder, mit Flugbildern hoch in der Luft, die der Ziffer 8 gleichen.
Der Wespenbussard besitzt eine einzigartig schöne Balzzeremonie, durch die er schon aus großer Entfernung identifiziert werden kann. Mitten im Segelflug pausiert er und schlägt die Flügel überm Rücken zusammen. Andere Vögel können dicht beieinander segeln und dabei ein gemeinsames Flugspiel durchführen. Viele große segelnde Adler und Bussarde berühren sich im Flug mit den Fängen. Das Weibchen wirft sich auf den Rücken, faßt die herabhängenden Fänge des Männchens mit ihren Füßen an und kehrt in die normale Fluglage zurück. Manche massigen Seeadler verkoppeln ihre Fänge regelrecht und stürzen, wild kreiselnd, mit hoch gestreckten Flügeln Hunderte und mehr Meter durch die Luft, ehe sie sich trennen.

Die Balzspiele sind beeindruckend und gehören zu den Triebhandlungen in der Fortpflanzungsperiode, doch sind sie keine absolute Voraussetzung für die Begattung, die zumindest bei den größeren Arten oft ohne deutliche Einleitung erfolgen kann. Es gibt dennoch in jedem Fall ein Balzverhalten vor der Begattung. Bei Falken ist das Füttern zwischen verpaarten Partnern vor der Begattung üblich (was auch bei vielen anderen Vogelfamilien verbreitet ist). Bei verschiedenen Habichtarten begattet das Männchen das Weibchen erst nach einer wilden, wirren Verfolgungsjagd.

Wissenschaftliche Untersuchungen legen nahe, daß das Weibchen letztendlich über den Nistplatz entscheidet, auch wenn das Männchen beim Wanderfalken und einigen anderen Arten daran beteiligt ist. Bei den meisten nestbauenden Arten baut das Weibchen den Brutplatz, einschließlich derer, die alte Nester reparieren. Allerdings hilft das Männchen häufig beim Sammeln der Baumaterialien. Andere Männchen können dabei das meiste heranbringen, so die Fischadler und einige Milane. Zweige verschiedener Größe sind die Hauptbauelemente. Wo sie nicht vorhanden sind, wird auf andere pflanzliche Produkte zurückgegriffen, etwa Heidekraut oder Seetang. Kleine pflanzliche Materialien – Gras, Binsen oder Moos – dienen zur Auspolsterung des Rohbaus. Bei manchen Arten, besonders unter den Milanen, werden auch Papierfetzen und andere Abfälle zum Nestbau verwendet und verleihen so dem Horst erstaunliche Farbtupfer. Außerdem bauen einige Arten überhaupt kein Nest. Sie legen ihre Eier auf einen Felssims ab oder scharren nur eine flache Brutmulde aus.

Einige Greifvögel bauen jedes Jahr ein neues Nest, beispielsweise viele Habichte und Sperber. Andere wiederum – etwa die Bussarde und Fischadler – richten den im vorigen Jahr verwandten Nistplatz einfach wieder her. Eine weitere Spielart findet sich zum Beispiel bei den Steinadlern, die eine Reihe Horste besitzen. Sie verwenden diese abwechselnd oder annähernd rotierend. Häufig reparieren sie zwei oder

Oben: Kampfadler am Horst. Das Weibchen bringt einen frischen Zweig. Der Grund für dieses Verhalten hat vermutlich mit Aufregung zu tun, und nicht mit Horsthygiene, wie häufig angenommen.

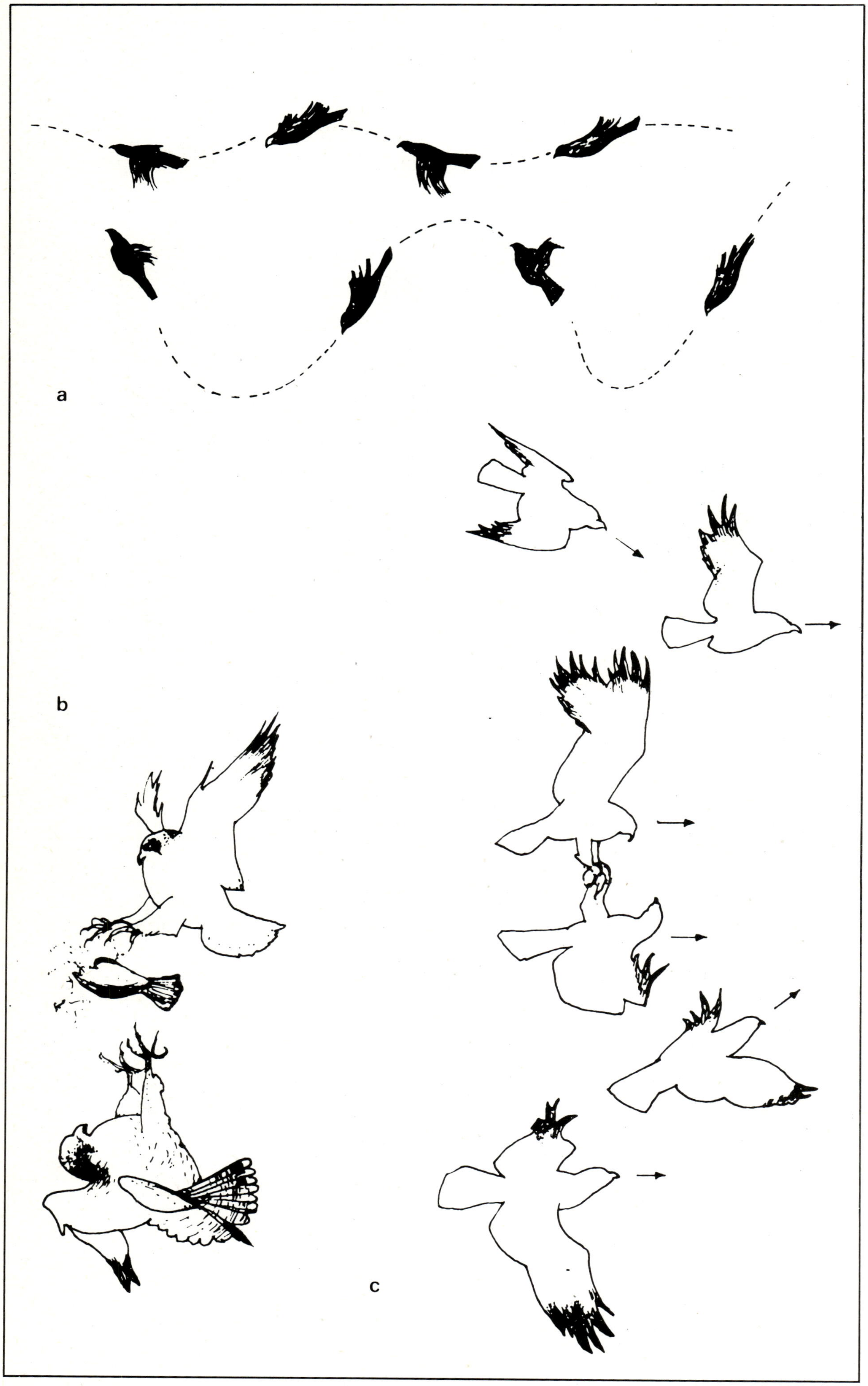

Links: Verschiedene Balzflugspiele:
(a) Zwei Formen welliger Flugspiele, die viele Greifvögel verwenden;
(b) Nahrungsübergabe während der Balzspiele und beim Füttern der Jungen: Das Männchen läßt die Beute in die emporgestreckten Fänge des Weibchens fallen, das sich dazu auf den Rücken wirft;
(c) ein äußerst beeindruckendes Balzspiel führen die riesigen Seeadler vor. Das Männchen steigt ab, um das Weibchen zu erreichen. Mit verkoppelten Fängen stürzen die beiden Vögel, sich überschlagend, nach unten, ehe sie sich wieder trennen.

drei Niststätten, ehe sie den endgültigen Horst auspolstern. Man kann die allgemeine Regel aufstellen: Je größer ein Greif ist, desto geringer ist die Wahrscheinlichkeit, daß er ein ganz neues Nest bauen wird. Eine andere, auch verhältnismäßig allgemeine Regel besagt: Je weiter nördlich das Nistgebiet liegt, desto rascher wird der Nestbau abgeschlossen. Das hat mit der Kürze der Brutperiode in nördlicheren Breiten zu tun. Der Nestbau kann in den Tropen langsamer vorangehen, weil die Vögel weniger dem Druck einer kurzen Brutperiode ausgesetzt sind.

Einige Greife, besonders die Echten Falken, übernehmen die Nester anderer Vögel. Der Rotfußfalk benützt zum Beispiel alte Raben- und der europäische Baumfalk alte Krähennester. Diese können unverändert verwandt, umgebaut oder ergänzt werden. Die größten Falken wie die Wanderfalken und die Gerfalken besetzen auch fremde Nester und vertreiben die Bewohner. Wirklich eigentümlich ist die Tatsache, daß unter Umständen andere Vögel die unteren Teile eines Greifvogelnestes bewohnen. Verschiedene Kleinvögel nisten im Unterbau der dem Präriebussard gehörenden Nester. In Afrika haben einige Arten Webervögel als Untermieter. Dabei werden diese kleinen Nachbarn erstaunlicherweise von den Greifen toleriert oder unbeachtet gelassen.

Nicht alle Greifvögel wählen steile, unerreichbare Klippen oder Felsen als Horstplatz. Es gibt freilich Arten, die solche Plätze vorzugsweise aufsuchen. Der Autor hat sowohl Steinadlerhorste gesehen, die nur ein geübter Bergsteiger erreichen kann, wie auch solche, wo sich beinahe mit dem Auto hinfahren läßt. Unter den in Frage kommenden Nistmöglichkeiten ziehen die meisten Arten Bäume vor, mit dem Horst meist hoch über dem Boden. Habichtarten, Bussarde und andere bauen ihre Nester eher in dicken Astgabelungen oder da, wo ein dicker Ast abzweigt. Dagegen nisten der Fischadler und verschiedene andere Adler in der ausgesetzten Baumkrone. Nur verhältnismäßig wenige Arten brüten auf Klippen und Felsen, noch weniger nisten auf dem Boden. Manchmal hängt die Wahl auch von den vorhandenen Nistmöglichkeiten ab. Wanderfalken sind traditionelle Klippennister, benützen aber in Polen etwa auch Bäume. In der Arktis können sie mehr oder minder unmittelbar auf dem Erdboden nisten. Ähnlich findet man den Fischadler, im Grunde ein Baumnister, auf Klippen im Mittelmeerraum und am Boden in Amerika und Australien. Während einige Steinadler nur auf Felsen und Klippen brüten, verwenden andere Bäume. Manche Paare benützen beide Niststätten, allerdings abwechselnd.

Es gibt auch Arten, die künstliche, für sie geschaffene Nistplätze annehmen. Wagenräder auf hohen Stangen haben in Amerika Fischadlern als Horstplatz gedient. In Europa brüten Turmfalken in ganz unterschiedlichen, künstlichen Nistkästen. Daß bestimmte Arten, die gewohnheitsmäßig Städte aufsuchen, in oder auf Gebäuden horsten, ist eine bekannte Tatsache. Auch hier ist der Turmfalk ein gutes Beispiel. Am bekanntesten sind vielleicht die Wanderfalken, die einige Jahre regelmäßig auf Simsen an New Yorker Wolkenkratzern gebrütet haben.

Unten: Bei den Paarungszeremonien der Andenkondore stolziert das Männchen (links) mit ausgebreiteten Schwingen und gebeugtem Kopf um das Weibchen herum, das eine hockende Haltung einnimmt.

Oben: Ein Sperberhorst. Das Jagdrevier des Sperbers sind die Waldränder und Heckenlandschaften. Die Beute wird dicht überm Boden angeflogen, wobei Zäune und Hecken als Deckung dienen und ganz knapp umrundet werden. In der Färbung sind die Querbänder auf der Unterseite sehr kennzeichnend. Man nennt sie »Sperberung«. In Deutschland hat sein Bestand in den letzten Jahren katastrophal abgenommen.

Rechts: Ein Kaffernadler auf einem typischen Felsenhorst. Wie viele andere Adler und viele große Greife baut diese Art einen sehr geräumigen und dicken Horst.

Zusätzlich zur üblichen Nestauspolsterung schmücken manche Greifarten ihre Nester mit frischem Grün. Dieses Verhalten tritt besonders allgemein verbreitet vor der Eiablage auf, setzt sich aber auch fort, wenn die Eier schon gelegt sind. Es scheint, daß dies ein zur Erregung gehörendes Verhalten sein könnte. Doch lassen sich die Gründe dafür nur schwer ausmachen. Laut einer Interpretation dient das Grünzeug zum Schutz der Nestlinge oder als Bedeckung für die verwesenden Beutereste, die häufig voller Fliegen sind – ein typisches Merkmal eines Horstes mit heranwachsenden Jungen. Aber diese Theorien lassen sich nicht durch Beobachtung erhärten. Vermutlich ist dieser Nestschmuck zufälliger Natur. Ein Verschönerungswunsch spielt dabei keine Rolle, denn das würde den Vögeln fälschlich ein ästhetisches Empfinden gegenüber ihrem Nest unterstellen. Eine solche Theorie ist zu »schön«, um wahr zu sein.

Greifvögeleier variieren beträchtlich, entsprechen aber meistens einem relativ allgemeinen Grundmuster: eine weiße, gelegentlich bläuliche oder grünlich getönte Grundfarbe mit oder ohne Zeichnung in Rot, Braun und Grau. Falkeneier weichen von diesem Muster stärker ab. Sie sind gewöhnlich mit einer roten Zeichnung über und über gesprenkelt oder bedeckt. Manchmal verschmelzen die Flecke regelrecht, so daß man die weißliche oder ockergelbe Grundfarbe kaum mehr ausmachen kann. Die übliche Eigestalt ist stumpf-breitoval, seltener länglich. Im Verhältnis zum Körper der Greife sind die Eier relativ groß.

Ein Greifvogelgelege umfaßt gewöhnlich nur wenige Eier, in der Regel eins bis drei, seltener vier oder fünf. Keine der ganz großen Arten legt mehr als drei Eier. Im allgemeinen haben die kleinsten Vögel das größte Gelege. Eine andere, für viele Vögel gültige Regel stimmt auch für die Mitglieder der Ordnung Greifvögel: Die Gelegegröße einer Art nimmt um so mehr zu, je weiter nördlich der Nistplatz liegt. Dies stimmt stimmt mit der Theorie überein, daß die nördlicheren Populationen eine höhere Sterblichkeitsrate bei den flügge gewordenen Jungen aufweisen als die weiter südlich lebenden Exemplare.

Die Eier werden mit einer Unterbrechung von mindestens einem Tag gelegt. Oft erfolgt die Eiablage mit Zwischenräumen von drei oder vier Tagen, was zu einem asynchronen Ausbrüten führt. Daher können Horstgeschwister beträchtliche Größenunterschiede besitzen. Die größeren, früher ausgeschlüpften Nestlinge beginnen so ihr Leben mit einer deutlich besseren Überlebenschance.

Die Bebrütung dauert lang, etwa drei Wochen bei den kleinen Arten und bis zu 50 Tagen und mehr bei den größ-

Links: Ein europäischer Baumfalke mit Jungen. Ein charakteristisches Merkmal der Baumfalken ist ihre Vorliebe für alte Krähennester und andere Vogelnester.

Unten: Nur verhältnismäßig wenige Greife bauen ihren Horst auf dem Boden. Die Rohrweihe horstet immer auf der Erde in dichten Rohr- und Schilfbeständen oder in hohem Gras.

Oben: Ein am Horst einfallender Weißbauchseeadler mit einem Fisch für die zwei größeren Jungen.

Folgende Doppelseite: Ein typischer Merlinhorst in hohem Heidekraut mit den Dunenjungen unterm brütenden Altvogel.

ten. Genauere Daten über Brütungsdauer fehlen allerdings für die meisten Raubvögel. Überwiegend brütet das Weibchen. Zur Schlüpfzeit erfaßt das Weibchen ein ausgesprochener Widerwille, die Eier zu verlassen. Bei einigen Arten hilft das Männchen beim Brüten, zumal dann, wenn das Weibchen die Eier verläßt, um die gebrachte Beute zu kröpfen. Allem Anschein nach haben die Weibchen zwischen Brutbeginn und -ende kaum Interesse an der Jagd. Häufig beobachten sie dann eine mögliche Beute über Stunden, ohne sich im geringsten zu regen.

Frisch geschlüpfte Greifenjunge sind hilflose, kleine Wesen mit einem großen Kopf und schwachen Beinen. Sie liegen großteils unbeweglich da und nehmen Atzung erstmals auf, sobald sie stark genug sind, um den Schnabel der Altvögel zu erreichen. Bei einigen Arten dauert das bis zum zweiten Lebenstag. Doch der Appetit vergrößert sich dann rasch mit dem Wachstum. Wenn die Jungen das Nest endgültig verlassen, wiegen sie das Fünfzigfache des Schlüpfgewichts.

Da die Jungvögel in Abständen schlüpfen, bedingt durch den unterschiedlichen Brutbeginn, unterscheiden sich die Entwicklungsstadien der Horstgeschwister. Dies spielt so lange keine besondere Rolle, als ein ausreichend großes Nahrungsangebot vorhanden ist. Bei einigen Arten, insbesondere den Echten Adlern, resultiert aus dem Unterschied allerdings eine eigentümliche Erscheinung, die allgemein als »Streit zwischen Kain und Abel« bezeichnet wird. Das ältere Junge greift unentwegt sein jüngeres Geschwister an (in 80% aller untersuchten Fälle) und tötet oder wirft es einem sicheren Tod entgegen aus dem Nest – was das unter Umständen zufällig anwesende Weibchen weder verhindert noch es irgendwie aufzuregen scheint.

Die kritische Periode für das jüngere Küken ist in etwa die erste Lebenswoche. Überlebt der Nachzügler diese Zeit bei ausreichender Fütterung, dann ist die Gefahr bald vorbei und der ältere Jungvogel duldet sein Horstgeschwister. Man kennt die Gründe für diesen harten Überlebenskampf noch nicht genau; möglicherweise hängt dieses Verhalten von dem gegebenen Nahrungsangebot ab. Der größere, etwas stärkere Ältere wird immer zuerst gefüttert. Wenn er genug hat, muß immer noch genügend Atzung für das kleinere Küken vorhanden sein, wenn beide überleben sollen.

Sehr bald ersetzt ein zweites, dichteres und wolliges Dunenkleid das erste. Damit werden die Jungvögel weniger kälte- und nässeempfindlich. Das Weibchen hudert ihre Jungen immer weniger, je größer und sicherer sie werden, in den ersten Tagen und Wochen allerdings regelmäßig nachts sowie bei schlechtem Wetter. Außerdem schützt es häufig die Jungen vor starkem Sonnenschein. Mit dem Heranwachsen der Jungen verbringt das Weibchen immer weniger Zeit im Nest, bleibt allerdings meist in der Nähe. Es verteidigt ihre Jungen bei Gefahr ohne jedes Zögern. Zudem können die Jungvögel selbst ein gutes Abwehrverhalten an

Oben: Turmfalken brüten häufig in Gebäuden und nehmen ohne weiteres künstliche Horstplätze an. Sie sind die häufigsten Falken unserer Heimat, die sich sogar inmitten der Großstädte wohlfühlen. Auf der Aufnahme kann man den ziemlich langen Schwanz dieses zierlichen, ca. 33 cm langen Greifvogels erkennen.

den Tag legen. Nur wenige Greifvögel attackieren jedoch einen Menschen, der den Horst aufgespürt hat – im Gegensatz zum gängigen Volksglauben über die Angriffslust der Raubvögel. Kommt ein Mensch einem Horst zu nahe, dann zeigen die meisten Greife ein deutliches Drohverhalten, aber nur wenige andere wie die Kornweihe und der Habicht stoßen unter Umständen auf einen Menschen herab. In der Regel fliegen die Altvögel weg und fauchen aus der Ferne. Die hartnäckig wiederkehrenden Berichte über Steinadler, die erwachsene Männer einen Felsen hinuntergestoßen haben, gehören ins Reich der Fabel und Sensationsgier, denn

Links: In diesem Nest der Kornweihe kann man das asynchrone Ausbrüten sehen: Neben Dunenjungen erkennt man unausgebrütete Eier.

Oben: Ein junger Steinadler auf einem typischen Klippenhorst. Kaninchen sind eine bevorzugte Beute dieser Adlerart. Häufig werden sie unzerteilt in den Horst gebracht.

ein Steinadler ist viel zu scheu, als daß er sich überhaupt einem Menschen nähert, geschweige denn ihn angreift.
Zuerst sprießen die Schwung- und Steuerfedern. Man kann sie nach etwa einem Drittel bis zu zwei Dritteln der Nestlingsperiode leicht erkennen. Darauf folgen die Konturfedern, bei denen sich die der oberen Körperhälfte rascher entwickeln als die der unteren. Zu diesem Zeitpunkt sind die jungen Greife groß und selbstbewußt, stehen und laufen im Horst herum, wobei sie ihre tappigen Flügel kräftig üben. Noch bevor sie ihr volles Federkleid erworben haben, können sie sich selbst mundgerechte Brocken aus der von den Altvögeln hergetragenen Beute holen. Das Betteln nach Atzung, das so typisch für ihre ersten Lebenstage ist, wird durch ein fast aggressives Verhalten gegenüber den Altvögeln ersetzt.
Der Aufwand während der Nestlingsperiode, mit dem sich die Altvögel um die Jungen kümmern, ist wirklich erstaunlich. Die Hauptfunktion des Männchens ist die Jagd während der Zeit, wo das Weibchen die Jungen nicht sicher allein lassen kann. Seine Aufenthalte im Horst sind stets nur von kurzer Dauer. Trotzdem hilft das Männchen bei manchen Arten auch noch beim Füttern. Zudem wurden Einzelfälle beobachtet, wo das Männchen die Jungen nach Verlust des Weibchens allein aufgezogen hat. Das Männchen kann die Beute ganz oder stückweise, gerupft oder ungerupft zum Nest bringen. Manchmal wird das Weibchen gerufen, um die Beute zu übernehmen. Bei den Weihen fliegt es dem Männchen entgegen. In der Luft wird dann die Beute übergeben, das Männchen läßt sie fallen und das Weibchen greift sie sich.
Junge Greife verlassen das Nest zu verschiedenen Zeitpunkten, je nach Größe der Art und dem entsprechenden Entwicklungsstadium. Die Jungen der kleineren Falken und Habichte werden nach drei bis vier Wochen flügge. Bei größeren Arten dauert dies viel länger – etwa 10 bis 13 Wochen bei den großen Adlern und bis zu fünf Monaten bei

den massigen Kondoren. Die Nestlingsperiode kann bei derselben Art in den Tropen wiederum länger dauern als in nördlicheren Nistgebieten, was ebenfalls mit der kürzeren Zeitspanne zu tun hat, die für die Fortpflanzungsperiode insgesamt zur Verfügung steht.
Der erste Flug kann einerseits sehr ungelenk sein, ein nur kurzer Ausflug vom Horst; andererseits können flügge gewordene Greifvogeljunge gleich die volle Flugfähigkeit erreichen und sich auf dem ersten Flug weit vom Horst entfernen. Junge Raubvögel sind bei der Nahrung noch häufig auf die Altvögel angewiesen, selbst wenn sie schon fliegen können. Sie besitzen zwar einen angeborenen Jagdtrieb, müssen aber von den Eltern und durch ständiges Üben erst lernen, wie man eine Beute richtig und wirkungsvoll erlegt. Ihre ersten Jagdversuche können sehr unbeholfen sein und ziemlich lustig aussehen.
Die kleineren Arten werden relativ rasch selbständig, was auch von den Zugvögeln unter den Greifen, wie dem Fischadler, gilt. Die Abhängigkeit von den Eltern dauert bei den sehr großen Arten wie den tropischen Adlern sehr lange. Zum Beispiel lebt der Kronenadler in Äquatorialafrika so lange mit seinen Eltern zusammen, daß diese nur jedes zweite Jahr brüten. Man nimmt an, daß dies ebenso bei den großen Harpyienadlern in Südamerika und vermutlich auch bei anderen Arten der Fall ist.
Im Laufe der Zeit verteilen sich die Jungvögel, häufig in einer scheinbar zufälligen Weise. Sie werden allerdings nicht von den Altvögeln verjagt, wie gewöhnlich angenommen. Die Jungvögel müssen ein Revier mit genügend Beute zum Leben finden. Bei einigen Arten jagen sie eine Zeitlang noch in einem Teilstück des Reviers der Altvögel. Wir wissen nur sehr wenig über diesen sicherlich sehr kritischen Abschnitt im Leben eines Greifvogels. Vermutlich liegt die Sterblichkeit im ersten Lebensjahr bei mindestens 50%.
Man hat bislang nur teilweise erklären können, wie Bruterfolg und Nachwuchsziffer zur Erhaltung der Art beitragen. Nur wenige Greifvögel sind so gründlich studiert worden, daß man Aussagen über Bestands- oder Populationsentwicklung machen könnte. Im großen und ganzen muß die Anzahl der Jungvögel, die das fortpflanzungsfähige Alter erreichen, groß genug sein, um die gestorbenen Altvögel zu ersetzen, nur dann erhält sich die Population einer Art. Gelegegröße, Schlüpferfolg (unfruchtbare Eier sind keine Seltenheit bei manchen Greifen) und die Tatsache, daß sich anscheinend gesunde Individuen in manchen Arten nicht fortpflanzen, gehören zu den Faktoren, durch die sich die Regeneration einer Greifenart bestimmt. Wir sollten auch andere Umstände mit in Betracht ziehen – etwa die niedrige Fortpflanzungsrate bei einigen großen Arten, oder inwieweit Bigamie den Bruterfolg beeinflußt. Bei den Weihen kommt es häufiger vor, daß ein Männchen zwei Weibchen begattet, was in der Regel bedeutet, daß pro Nest weniger Junge aufgezogen werden als unter normalen Bedingungen. Wenn man derartige Faktoren berücksichtigt, erhält man einigermaßen brauchbare Zahlen über die Anzahl der flügge gewordenen Jungvögel. Damit ergibt sich jedoch die Schwierigkeit, die Anzahl der das Erwachsenenalter erreichenden Jungvögel zu ermitteln. Wir wissen schon, daß die Sterblichkeit im ersten Lebensjahr bei 50% liegt. Für bestimmte große Arten wird die Sterblichkeit auf bis zu 75% geschätzt. Bei einigen Arten steigt die Lebenserwartung mit zunehmendem Alter und wachsender Erfahrung. Es kann verhältnis-

Unten: Schwarzflügelgleitaare. In den ersten Lebenswochen werden die Jungen beständig und voller Aufmerksamkeit umhegt.

Oben: Ein Silberadler mit einem Jungen. Von der Pflege, die große Greife ihren Jungen zukommen lassen, nicht beeindruckt zu sein, ist beinahe ein Ding der Unmöglichkeit.

mäßig lange dauern, bis bei einem Greif die Fortpflanzungsreife eintritt, bei den großen Echten Adlern etwa vier bis fünf Jahre. Noch später, erst nach acht oder neun Jahren, sind die beiden Kondore geschlechtsreif.

Man braucht viele Daten und ausführliche Studien, um die jährliche Anzahl der Jungvögel zu berechnen, die überleben werden und damit die Altvögel ersetzen können. Diese Informationen stehen für die meisten Greifvögel häufig nicht zur Verfügung. Trotzdem können wir schon heute begründete Vermutungen über die Populationserhaltung anstellen. In Einzelfällen läßt sich sogar eine grobe Schätzung angeben: Beispielsweise nimmt man an, daß von fünf gleichzeitig geborenen Steinadlern nur ein Vogel bis zur Fortpflanzungsreife überlebt, so daß sich ein Adlerpaar, das jedes Jahr brütet, erst nach zehn Jahren reproduziert. Kleinere Greife haben eine kürzere Lebensdauer und größere Nachwuchsziffer. Dagegen brauchen die riesigen tropischen Adler mit später Brutreife, wie der Affenadler und der Neuguinea-Würgadler, zwanzig und mehr Jahre zur Reproduktion der Einzelindividuen.

Es ist schwierig, die Lebensdauer eines Vogels zu bestimmen. Selbst mit einer Reihe von Populationsuntersuchungen und den bewährten Ergebnissen bei Wiederauffinden beringter Vögel können wir die Lebenserwartung bei den meisten Arten nur schätzen. Die kleinen Gartenvögel haben häufig eine durchschnittliche Lebensdauer von einem Jahr oder weniger. Größere Arten brauchen länger, um auszuwachsen und werden entsprechend älter. Diese Grundregel scheint auch für die Greifvögel zu gelten.

Die Lebenserwartung der kleinen Habicht- und Falkenarten dürfte in Freiheit kaum mehr als zehn Jahre betragen. Größere Geier und Adler leben nicht selten durchschnittlich über 20 Jahre. Ihre Langlebigkeit kompensiert das lange Jugendalter und die niedrige jährliche Nachwuchsziffer. Es gibt natürlich viele Berichte über die Lebensdauer von Greifvögeln in Gefangenschaft. Unter solchen Umständen ist eine Lebenserwartung von 30 bis 40 Jahren keine Seltenheit für die größeren Arten.

Einige Vögel erreichten sogar das 50. Lebensjahr und mehr. Der Volksglaube jedoch, daß Adler und Geier 100 Jahre alt werden, gehört ins Reich der Phantasie. Es gibt keinen stichhaltigen Beweis, daß je ein Vogel in Gefangenschaft auch nur annähernd so lange gelebt hätte.

Es ist das Nahrungsangebot, das letztlich die Bestandsgröße kontrolliert. Dieser Faktor bestimmt den Bruterfolg sowie die Sterblichkeit von Alt- und Jungvögeln. Todesursachen können Krankheiten, natürliche Feinde, Unfälle oder Alterstod sein. Was manchmal als das »natürliche Gleichgewicht« bezeichnet wird, berücksichtigt diese Todesursachen, die alle unter die Rubrik »natürliche Ursachen« fallen. Unter normalen Umständen reicht der Greifvogelnachwuchs daher aus, um den Bestand zu erhalten und gelegentlich zu vergrößern. Kurzfristige Naturkatastrophen können die Bestandsgröße leicht oder zeitweise verringern. Doch allein der Mensch ist in der Lage, dieses empfindliche Gleichgewicht wirklich zu zerstören. Menschliches Tun spielt ohne Zweifel die größte Rolle sowohl bei der Sterblichkeit der Raubvögel als auch für deren Überleben.

Wanderungen

Vogelwanderungen und Vogelzug gehören zu den beliebtesten Themen der Vogelkunde. Darüber wurden in Nordamerika und in Westeuropa bereits viele Untersuchungen angestellt. Dennoch bleibt noch vieles bei den Vogelwanderungen ungeklärt, besonders im asiatischen Raum, aber auch anderswo.

Unter Vogelzug versteht man zunächst die zu verschiedenen Jahreszeiten erfolgenden Wanderungen bestimmter Vögel von einem Lebensraum in einen anderen. Zugvögel nützen eine Region mit optimalen Lebensbedingungen als Brutgebiet, denn die Aufzucht der Jungen ist ein lebenswichtiges und große Kraftanstrengung erforderndes Geschäft. Für den Rest des Jahres ziehen sie dorthin, wo sich die besten Lebensbedingungen außerhalb der Brutzeit finden lassen. Die Wanderungen hängen nicht unmittelbar von den klimatischen Gegebenheiten ab, sondern sind Reaktionen auf das Nahrungsangebot, obwohl natürlich die beiden Faktoren eng zusammengehören. Wanderungen können über geringe Entfernungen vollführt werden (auch als vertikale Wanderung bei Hochgebirgsvögeln in die Täler oder ins Vorland der Gebirge) oder von einem Land ins andere. Zum Vogelzug gehören häufig enorme Flugleistungen, oft Tausende von Kilometern von Kontinent zu Kontinent.

Nicht nur die ausgeprägten Zugvögel oder Fernzieher unternehmen periodische Wanderungen. Es gibt Greifvogelarten, bei denen nur ein Teil der Population fortzieht, sogenannte Teilzieher, was entweder von der geographischen Verbreitung oder von der Altersgruppe abhängt. Der Rest der Population sind Stand- oder Jahresvögel. Außerdem können Zugvögel neben Standvögeln in derselben Art nebeneinander vorkommen.

Verschiedene Spielarten treten bei den Schwarzmilanen in Teilen Afrikas gleichzeitig auf, wo das Winterquartier der europäischen Exemplare liegt. Dann treffen dort zur gleichen Zeit afrikanische Schwarzmilane auf einer lokalen Wanderung ein. Neben den Zug- und Strichvögeln zählen zu der in dem Gebiet vorkommenden Schwarzmilanpopulation schließlich noch örtliche Standvögel.

In Nordeuropa bringt der Winter kaltes Wetter und in einigen Gebieten eine nahezu konstante Schneedecke. Diese Tatsache allein kann keine breite Abwanderung verursachen, zumal es auch Greifvögel gibt, die überhaupt nicht südwärts ziehen. Mit dem Winter verschwinden jedoch die Insekten. Dann läßt die Schneedecke oder die sehr kalte Witterung Säugetiere, insbesondere die Kleinsäuger, für lange Zeit im Winterquartier untertauchen. Viele Vögel, die auf beide Beutesorten angewiesen sind, werden der Gefahr des Verhungerns ausgesetzt und müssen daher diese Gegenden verlassen. Nahrungsmangel ist also der Grund, weshalb viele Greifvögel nach Süden ziehen, wo sie günstigere Lebensbedingungen und ein sicheres Nahrungsangebot während der Wintermonate finden.

Der Wespenbussard, dessen Hauptnahrung Bienen, Wespen und deren Larven bilden, begibt sich im September auf seine Wanderschaft von Europa nach Afrika. Mitte April kehrt er zurück. Auch Baumfalken sind ausgesprochene Zugvögel, die in Süd- und Ostafrika sowie in Indien überwintern. Der Baumfalk erbeutet im wesentlichen fliegende Tiere, vor allem Kleinvögel und Insekten. Die kalte Witterung schadet ebenso dem Fischadler, da in dieser Zeit die Fische kaum mehr an die Wasseroberfläche kommen. Die in nördlicheren Breiten lebende Fischadlerpopulation muß deshalb auf der Suche nach besserem Beutebestand nach Süden abwandern. Die weiter südlich vorkommenden Fischadler sind Standvögel.

Der Merlin mit Brutrevieren in den nördlichen Breiten ist ein ausgesprochener Kleinvogeljäger. Wenn er im Winter überleben will, muß er seinen Beutetieren südwärts folgen. Einige Merline überwintern in Großbritannien, wo die einheimischen Exemplare während der kalten Jahreszeit von den Hochmoorgebieten (die nahezu alle Kleinvögel im Winter verlassen) in die Niederungen und Küstenregionen

Links: Fischadler sind Teilzieher: Die Populationen, die in den wärmeren Zonen der Alten Welt vorkommen, sind zumeist Standvögel, während die Fischadler aus den nördlicheren Regionen alljährliche Wanderungen vollziehen.

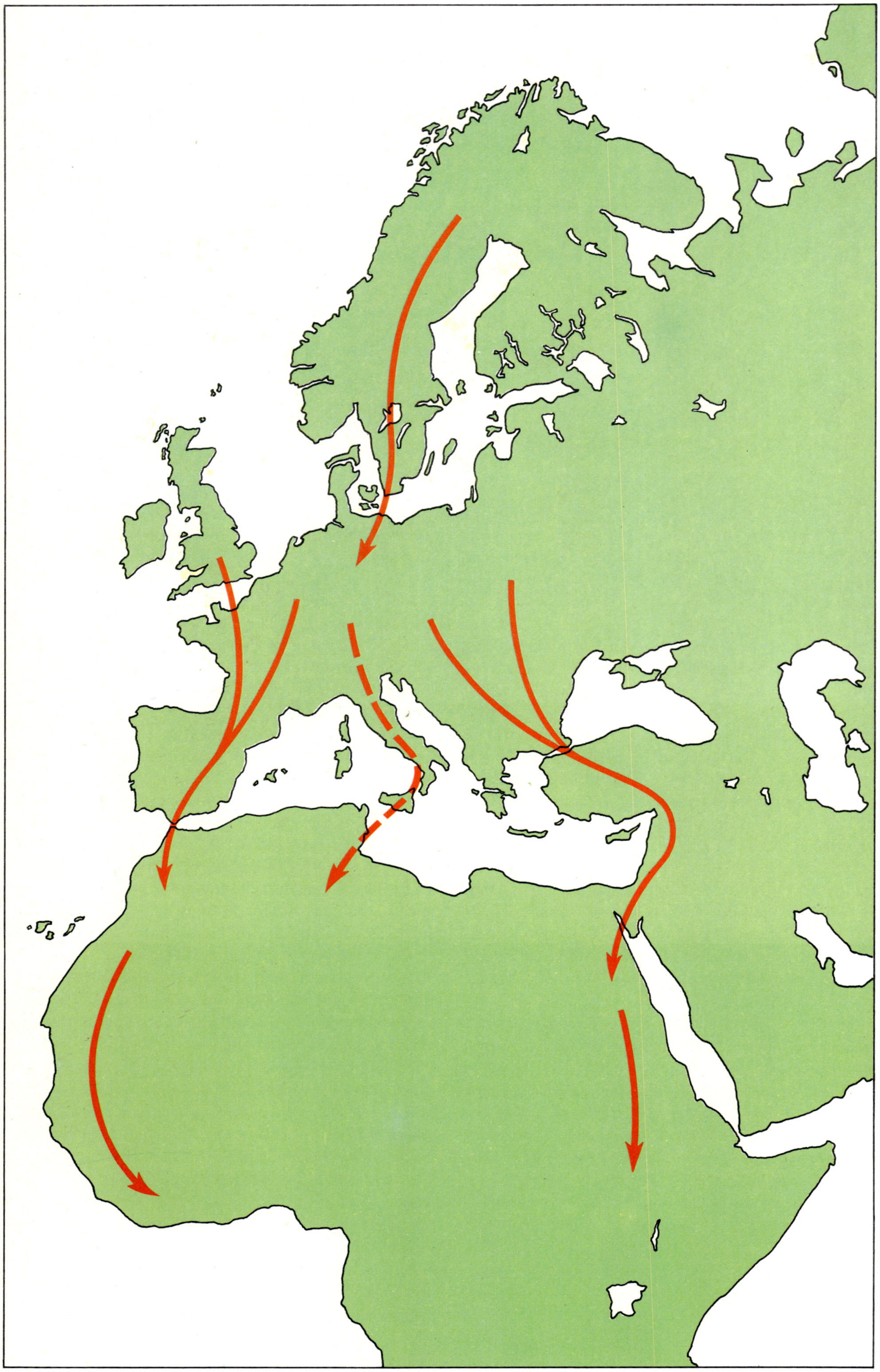

Links: Langflügelige, segelnde Greifvögel ziehen entlang genau bestimmter Strecken nach Süden. Die Karte zeigt die wichtigsten europäischen Zugwege. Auffällig ist, daß die meisten Raubvögel eine Direktüberquerung des Mittelmeeres vermeiden.

Oben: Die Steinadler aus dem hohen Norden sind Zugvögel, während die Populationen aus etwas südlicher gelegenen Ländern, wie etwa Schottland, an Ort und Stelle überwintern.

abwandern. Es stimmt, daß einige britische Turmfalken ähnliche örtliche Wanderungen unternehmen, aber die im Flachland lebenden britischen Exemplare sind hauptsächlich Standvögel, abgesehen von der Ausstreuung der Jungvögel nach Verlassen des Horstes.

Unter den größeren Arten ist der kontinentaleuropäische Rotmilan ein Zugvogel, während die walisische, vom Aussterben bedrohte Restpopulation zu den Standvögeln gehört. Der Rauhfußbussard kommt von der Arktis und Subarktis nach Süden, um bessere Nahrungsquellen (er jagt Kleinnager) zu finden. Einige Individuen überwintern alljährlich in Großbritannien. Ungewöhnlich viele tauchten dort im Winter der Jahre 1973 und 1974 auf. Steinadler aus dem hohen Norden sind Zugvögel, während ihre weiter südlich lebenden Artgenossen Standvögel sind, einschließlich der schottischen Population, von der einige Vögel sehr harte Winter überstehen müssen. Die nördliche Population des Seeadlers gilt als besonders schönes Beispiel für eine Art, bei der die erwachsenen Exemplare Standvögel sind, während die unreifen Jungadler weit umherstreichen, teilweise mehr als 1000 Kilometer.

Wanderungen in tropischen Gegenden hängen oft vom Zyklus der Regen- und Trockenzeiten ab. Dies gilt insbesondere für die Greife, die sich von kleinen Säugetieren und Reptilien ernähren. Beide Beutetiergruppen lassen sich in der vegetationsarmen Trockenzeit leichter jagen, wenn es kaum Deckung gibt. Die Brutperiode fällt daher in die trockene Jahreszeit mit dem überreichlichen Nahrungsangebot. Mit Beginn der Regenzeit streifen diese Greife nach anderen afrikanischen Regionen. So brütet zum Beispiel der kleine Schwalbengleitaar in den Halbwüsten Westafrikas, wo seine bevorzugte Insektenkost zahlreich und leicht zu fangen ist. Sobald der Regen einsetzt, zieht es ihn in die Savannengebiete.

Ein Greifvogel ist darauf spezialisiert, die Wanderungen anderer Vögel für sich auszunützen. Viele Greifvögel profi-

tieren von der Konzentration kleinerer Zugvögel oder folgen diesen Vogelarten nach, um als Vogeljäger genügend Beute finden zu können. Der Eleonorenfalk weist freilich eine starke Sonderanpassung an dieses wechselnde Nahrungsangebot auf: Er ist ein Zugvogel, dessen Brutrevier im Mittelmeerraum liegt und der auf Madagaskar überwintert. Die Eiablage beginnt erst im Juli oder August, so daß die Nestlingsperiode gerade in die Zeit fällt, wenn viele Kleinvögel über sein Brutrevier nach Süden hinwegfliegen. Damit fällt die Aufzucht der Jungen in einen Zeitabschnitt mit reichlichen Nahrungsquellen.

Begrenzte Wanderungen oder Konzentration von Greifvögeln können durch ein zeitweises Nahrungsüberangebot ausgelöst werden. Einige Arten scheinen in dieser Hinsicht besonders anpassungsfähig zu sein. Hier fällt die Brutzeit häufig mit einer begrenzten Nahrungsschwemme zusammen. In Europa kann man dies in Jahren der Lemmingmassenvermehrung und der Feldmausplagen beobachten, wenn bei diesen Kleinnagern eine Überbevölkerung durch die periodische Massenvermehrung eintritt. Als afrikanisches Beispiel für eine kurzfristige Wanderung kann die Greifvogelkonzentration gelten, die durch das Erscheinen wandernder Heuschreckenschwärme und durch Steppenbrände hervorgerufen wird, wo das Feuer viele Insekten und Kleintiere aus ihrer Deckung hervortreibt. Bei solchen Anlässen können selbst ansonsten einzelgängerische Greife gesellig werden oder sogar in Scharen auftreten. Der Präriebussard, der von Nordamerika nach Süden bis Argentinien zieht, ist ein gutes Beispiel für eine Art, die im Winterquartier regelmäßig in Scharen jagt. Beim Vogelzug selbst ziehen Greife häufig in Schwärmen, wenn die Vögel auf dem Weg entlang der Bergzüge zusammentreffen oder sich an »Engpässen« sammeln, ehe eine kurze Meeresüberquerung unternommen wird.

Zahlreiche Vogelarten wandern nachts, Greifvögel nur tagsüber. Auf ihren Wanderungen müssen die Greife keine natürlichen Feinde außer vielleicht andere Artgenossen fürchten. Der Mensch, wie wir im letzten Kapitel sehen werden, ist für die größten Wanderungsverluste verantwortlich. Im allgemeinen enthält der Zug für die Raubvögel keine Gefahren. Verschiedene Experimente haben gezeigt, daß die Vögel einen angeborenen Orientierungssinn besitzen, aber für Tagzugvögel spielt das Landschaftsbild eine bedeutende Rolle. Unreife Vögel müssen daher teilweise auf ihrer ersten Wanderung die notwendigen Erfahrungen sammeln, insbesondere wenn sie nicht in Begleitung erfahrener Altvögel ziehen.

Ein weiterer Aspekt der Vogelwanderungen bei Tage liegt darin, daß durch die Wärmeaufwinde eine entsprechende Thermik gegeben ist, ein wichtiger Faktor für viele Greifzugvögel, weil sie auf diese Weise lange Strecken kräftesparend zurücklegen können. Im Gegensatz zu zahlreichen Kleinvögeln legen die Raubvögel vor Zugbeginn keine Energievorräte in Form von Fett an, sondern wandern lange Zeit ohne Nahrung oder jagen unterwegs. Für die meisten Greife ist der Vogelzug nicht jene risikoreiche und fast die Kräfte übersteigende Mühsal wie für viele Kleinvögel.

Gutes Wetter und günstige Winde sind Vorbedingungen für

Oben: Ein Schwarzmilan; die europäische Population hat ihr Winterquartier im Süden Afrikas. Die Flugrichtung steuern die Vögel durch leichte Seitenschläge mit dem beweglichen Schwanz.

Oben: Der Rotschwanzbussard ist ein typischer, segelnder Greifvogel, der festliegenden Flugstraßen folgt, wobei er Bodenerhebungen aufsucht, um vorhandene Thermik auf dem Zug maximal auszunützen. Er vermeidet Meeresüberflüge.

Rechts: Ein anderer nordamerikanischer Greifvogel. Der Präriebussard hat sein südliches Winterquartier in Argentinien. Während dieser Zeit jagt er in Scharen oder kleinen Gruppen.

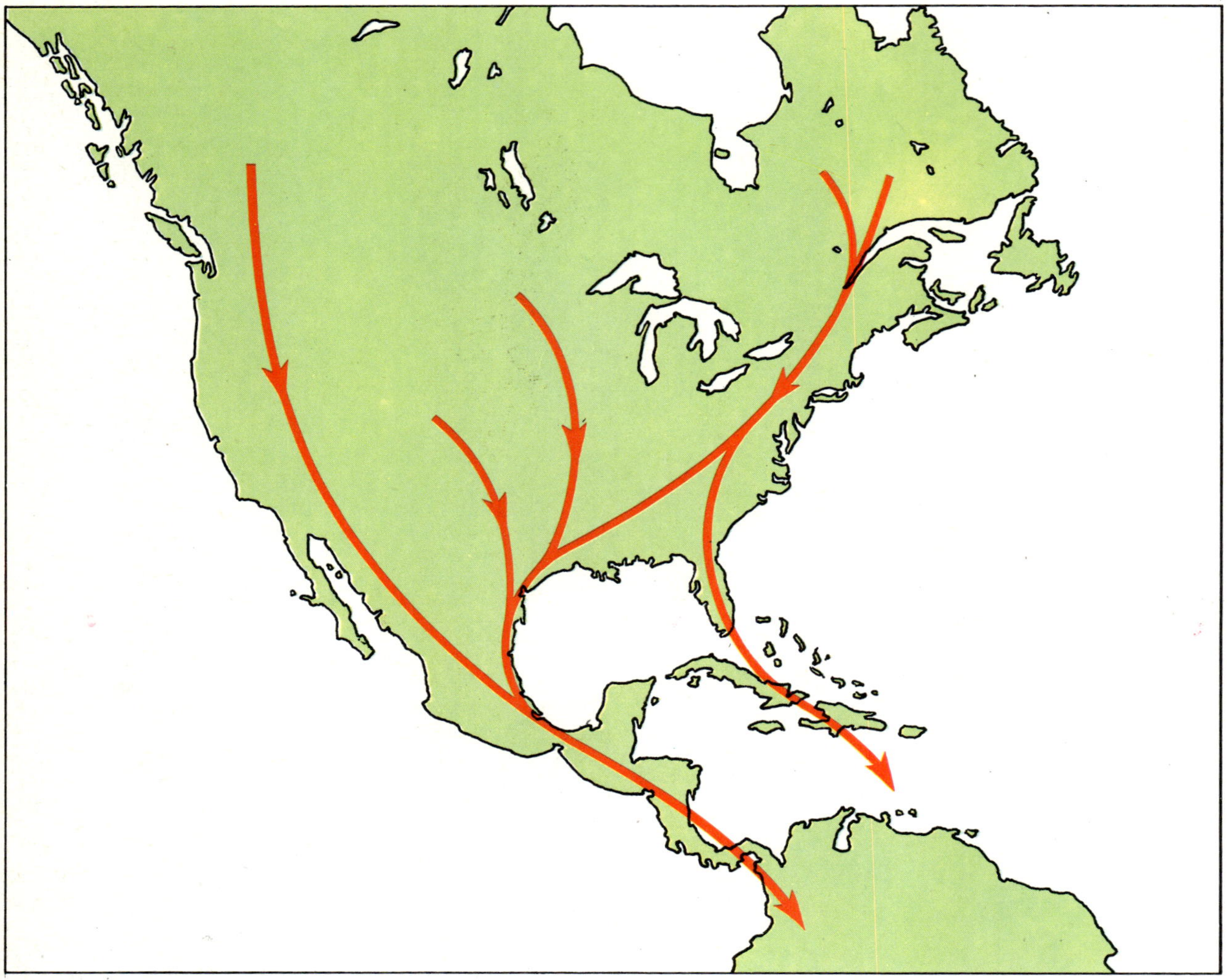

Links: Die Hauptflugstraßen der nordamerikanischen Greifzugvögel.

einen raschen und ungehinderten Zug. Ein plötzlicher Wetterumschwung oder Windwechsel kann Zugvögel vom Kurs abdrängen oder sie in eine völlig falsche Richtung zwingen. Auch Greifvögel können wie andere Arten durch ungewöhnliche Wetterbedingungen abgelenkt und in die Irre geführt werden. Ihr starkes Flugvermögen und ihre Fähigkeit, selbst den wildesten Stürmen trotzen zu können, nützt ihnen dann nichts. Zur Freude der lokalen Vogelbeobachter tauchen sie so gelegentlich am falschen Ort auf.

Die langflügligen, segelnden Greife vollführen ihre Wanderung entlang genau bestimmter Routen, folgen Berg- und Höhenzügen, wo gute thermische Bedingungen herrschen und häufige Aufwinde auftreten. Sie beginnen eine Tagesstrecke oft erst dann, wenn sich durch die erwärmte Luft die erste Thermik bildet. Dann kreisen und segeln sie nach oben, häufig in große Höhen, und gleiten anschließend dahin, um die nächste Thermik zu finden. Auf diese Weise werden pro Tag weite Entfernungen, oft mit relativ hoher Fluggeschwindigkeit, zurückgelegt. Dieses beinahe mühelose Vorankommen ist eine Verlängerung ihrer sonstigen Flugtechnik. Viele kleinere Greife können sehr gut segeln, selbst wenn sie den Segelflug normalerweise nur selten oder bei Balzspielen verwenden. Auf dem Zuge übernehmen sie ohne weiteres die Flugform ihrer größeren Verwandten. Wenn man den großen Greifvogel-Wegzug am östlichen Ende des Mittelmeeres beobachtet, wird man unter den vorbeisegelnden und gleitenden Vögeln nicht nur so bekannte Vertreter dieser Flugtechnik wie den Wespenbussard ausmachen können, sondern auch eine Anzahl kleinerer Vögel, wie zum Beispiel den Levantsperber.

Neben diesem Wegzug entlang fester Inlandstrecken können auch die Meeresküsten die Leitlinien für zahlreiche Greife bilden. Einige Arten, wie etwa die Falken, überfliegen unmittelbar die offene See, aber die meisten, insbesondere die großen segelnden Arten, zögern davor, große Wasserflächen zu überqueren. In Teilen Südeuropas sieht man nicht selten, wie sich Raubvögel auf dem Zuge nach Westen oder Osten wenden, um die Überquerung des Mittelmeers zu vermeiden. Einige wählen gewiß den direkten Weg, mit den Inseln als Zwischenstationen. Aber die Mehrzahl gelangt nach Afrika entweder über die Meerenge von Gibraltar oder über den Bosporus und den Nahen Osten. Da eine Meerenge wie der Bosporus einen Engpaß auf dem Greifvogelzug darstellt und im Herbst von unzähligen Habichten überflogen wird, ist dieser Ort zu einem Mekka der Vogelkundler geworden. Im Norden, wo viele skandinavische Vögel lieber über Südschweden nach dem Kontinent ziehen, als unmittelbar die Ostsee zu überqueren, ist Falsterbo der berühmteste Observationsort.

Ein ähnliches Zugmuster gibt es in Nordamerika. Dort wandern die Greife entlang der großen Bergketten im Westen und im Osten nach Süden. Großteils vermeiden sie den Flug übers offene Meer und treffen über die mittelamerikanische Landverbindung in Südamerika ein. Viele Habichte brüten jenseits des St.-Lorenz-Stroms in Kanada und in Neuengland, folgen den Bergzügen bis in den Osten

Rechts: Ein fliegender Eleonorenfalk, dunkle Gefiederphase. Diese im Mittelmeerraum heimische Art nistet im Spätsommer, wenn die aus Nord- und Mitteleuropa kommenden Zugvögel diese Region überfliegen. Sie bilden die Hauptnahrung für die Eleonorenfalkenjungen.

Oben rechts: Der Rauhfußbussard zieht in der Alten wie Neuen Welt von seinen nördlichen Brutgebieten alljährlich nach Süden. Im Winter kann er auch im deutschen Raum auftauchen, wo man ihn an seinen gefiederten Läufen und dem weißen Schwanz mit der breiten schwarzen Endbinde erkennen kann. Außerdem weisen die hellen Flügel auffällige schwarze »Handgelenk«-Flecken auf.

Massachusetts, überfliegen den Hudson und lassen New Jersey hinter sich, bis sie sich schließlich in einem schmalen Zugweg durch Pennsylvanien sammeln. Diese Flugstraße führt am berühmten Habichtberg (Hawk Mountain) vorbei, dem Untersuchungsgebiet für die erste, gründliche Erforschung des Greifvogelzuges. Unter den Tausenden von Raubvögeln, die alljährlich hier vorüberziehen, sind viele Habichtarten, Anden- und Breitschwingenbussarde, einige Weißkopfseeadler und Steinadler.

Weitere Flugstrecken finden sich in den übrigen Teilen Amerikas. Cape May in New Jersey ist ein anderes bemerkenswertes Beispiel für eine Gegend, wo eine Vogelzugstraße die Richtung ändert: Eckschwanzsperber aus dem Norden, Fischadler, Truthahngeier und andere Greife aus dem Nordosten halten sich bei Cape May lieber nach Westen, als übers offene Meer hinaus weiterzufliegen. Die mittelamerikanische Festlandsbrücke gleicht dem Nahen Osten, was den Durchzug der Greifvögel angeht. An wenigen Tagen im Oktober streichen viele Prärie- und Breitschwingenbussarde auf ihrem Weg nach den südamerikanischen Winterquartieren über diese Region hinweg.

Über den Greifvogelzug im asiatischen Raum weiß man viel weniger. Es ist anzunehmen, daß es bei einem so ausgedehnten Kontinent enorme Wanderungen und Zugleistungen geben muß. So überqueren etwa die zentralasiatischen Lämmer- und Gänsegeier das Himalaja-Hochgebirge, um in Nordindien zu überwintern. Bei den in diesem Gebirge auf ziemlicher Höhe brütenden Milanen gibt es eine vertikale Wanderung. Nach der Brutzeit fliegen die Milane zu den niedrigeren Vorbergen.

Nach Norden führende Wanderungen sind bei einigen Greifen südlich des Äquators ausgeprägt, scheinen aber für südafrikanische und im südlichen australischen Raum lebende Arten selten zu sein. Greifvögelzüge in Richtung Norden hat man auch in Südamerika beobachtet: Beim Andenbussard und beim Langschwingenweih gibt es alljährliche Wanderzüge in Richtung Norden, auf denen der Weih sogar bis nach Mittelamerika vordringt. Ein ganz anderes Zugverhalten zeigen Teile der Florida-Population des Weißkopfseeadlers: Nach Verlassen des Horstes wandern die jungen Adler zu weit entfernten, nördlicheren Jagdgebieten ab. Man hat versucht, diesen Richtungstrieb damit zu erklären, daß die Jungvögel so dem heißesten Sommerwetter ausweichen. Dafür sind jedoch noch keine schlüssigen Beweise gefunden worden, so daß die ungewöhnliche Ausbreitungsbewegung der Jungadler bislang zu den vielen ungelösten Rätseln des Vogelfluges gehört.

Greifvögel heute

Links: Trotz der Vernichtungsfeldzüge, denen der mächtige Keilschwanzadler wie die anderen großen Adler aufgrund der falschen Ansicht der australischen Farmer, daß er der Viehhaltung massiven Schaden zufügen würde, ausgesetzt war und ist, überlebt diese Adlerart.

Folgende Doppelseite: Der Andenkondor gehört zu den Greifen, die in keiner Weise dem Menschen in die Quere kommen – und doch hat man diesen Vogel verfolgt und getötet, weil er angeblich die Vieh- und Geflügelhaltung beeinträchtigt. Inzwischen ist er aus Teilen seines Verbreitungsgebietes verschwunden.

In diesem Buch haben wir die verschiedensten Greifvogelarten kennengelernt, von ihrer Lebensweise gehört und an den unterschiedlichen Formen des Nahrungserwerbs gesehen, wie diese Vögel sich ihren Lebensumständen angepaßt haben. Greife sind eine erfolgreiche und vielfältige Vogelgruppe, auf ein räuberisches und aasvertilgendes Leben eingerichtet. Sie ziehen viel Aufmerksamkeit auf sich und sind häufig Gegenstand wissenschaftlicher Untersuchungen, auch wenn das Verhalten zahlreicher tropischer und einiger anderer Arten in Freiheit noch weitgehend unerforscht ist. Wir haben auch die Seltenheit der Greifvögel und die Verfolgungen angedeutet, denen diese Tiere aus Unwissenheit und Vorurteilen ausgesetzt sind. Dabei unterstellten wir die Notwendigkeit umfassender Schutzbestimmungen und -maßnahmen. Es stimmt sicherlich, daß der Greifvogelbestand in einigen, meist der unmittelbaren Einflußnahme des Menschen entzogenen Gebieten noch groß ist. Aber anderswo ist die Anzahl der Greifvögel teils drastisch, teils langsam mit einigen lokal ausgestorbenen Arten zurückgegangen. Naturkundler und Umweltschützer haben also allen Grund, über die Zukunft zahlreicher Arten sehr besorgt zu sein.

Daß die größte Gefährdung der Greifvögel vom menschlichen Nützlichkeitsdenken herrührt, dürfte schon einsichtig geworden sein. Im folgenden werden wir uns hauptsächlich mit den zivilisierteren Gegenden der Erde befassen, da zur Zeit die Bedrohung des Greifvogelbestands hier am größten zu sein scheint. Zudem besitzen wir hier auch die besten Unterlagen über den Charakter und das Ausmaß der Gefährdung des Greifvogelbestandes, die in großen Teilen der dritten Welt allem Anschein nach noch keinen kritischen Punkt erreicht hat. Man muß dabei aber berücksichtigen, daß wir aufgrund der wenigen Bestandsaufnahmen nur ein sehr unvollkommenes Bild der Lage in diesen Gebieten haben. Abgesehen davon, muß man sich überlegen, daß die Bestandsentwicklung in der dritten Welt wahrscheinlich in denselben Bahnen verlaufen wird wie in den industrialisierten Ländern. Auch hier werden in immer wachsendem Maße die Lebensräume der Greifvögel durch Industrialisierung und Verstädterung, durch die Veränderung der landwirtschaftlichen Anbaumethoden und durch die Wiedergewinnung von Ackerland zerstört. Hinzu kommt der zunehmend starke Einsatz von Pestiziden, um Krankheiten und Hungersnöte zu bekämpfen, ganz zu schweigen von hygienischen und sanitären Verbesserungen und dem allgemeinen Ausbreiten unserer technologischen Zivilisation. Vermutlich wird es also in der dritten Welt in Zukunft einen vergleichbaren Greifvogelrückgang geben.

Von seltenen oder stark gefährdeten Arten sagt man häufig, daß sie nahezu ausgestorben sind. Man sollte mit diesem Ausdruck allerdings vorsichtig sein: Es gibt völlig ausgestorbene Arten, eine Entwicklung, die sich stets wiederholen kann, was man nicht zuletzt daran sieht, daß zur Zeit tatsächlich auch einige Greifvogelarten vom Aussterben bedroht sind. Doch ist mit diesem Ausdruck fast immer eine teilweise oder örtlich ausgestorbene Art gemeint. Eine Art verschwindet im Laufe der Stammesentwicklung auf natürliche Weise, wenn sie keinen passenden Lebensraum mehr finden kann. Dies kann der Fall sein, weil sie nicht in der Lage ist, mit einer anpassungsfähigeren Art zu konkurrieren, von der sie allmählich ersetzt wird. Allerdings handelt es sich dabei um einen langwierigen Vorgang, der heutzutage vermutlich keinen einzigen Greifvogel außer dem Kalifornischen Kondor betrifft.

Es besteht kaum ein Zweifel, daß Eingriffe des Menschen während der letzten Jahrhunderte für viele Arten mit sehr begrenztem Lebensraum und enger Spezialisierung die Wahrscheinlichkeit erhöht haben, daß sie aussterben werden. Ein Beispiel ist der Guadeloupe-Karakara, der einzige Raubvogel, von dem man weiß, daß er in den letzten 100 Jahren völlig ausgerottet wurde. Als der Mensch auf dieser trockenen, kahlen Insel eintraf, lebte der von der ähnlichen Festlandart, dem Carancho, isolierte Guadeloupe-Karakara in Einklang mit seiner rauhen Umwelt. Viele wurden abgeschossen (der Vogel war vermutlich sehr zutraulich), seine Jungen und Gelege wurden von den Hausziegen zerstört. Um 1900 etwa war dieser Greif endgültig für immer verschwunden.

Eine Reihe Greifvögel kommen nur auf Inseln vor, wo das seit langer Zeit eingespielte Ökosystem (das Zusammenwirken der vorhandenen Lebensgemeinschaft und der abiotischen Faktoren wie Licht, Wasser, Boden usw.) durch die menschlichen Eingriffe in seinem Gleichgewicht gestört wird. Unter solchen Umständen bilden die Veränderungen der Lebensräume und der Bodennutzung, Verfolgung und die Einführung von Haustieren oder das Auftauchen der dem Menschen folgenden Tiere wie der Ratte eine große Gefahr für die Inselarten, was sich noch verschärfen kann, wenn der Mensch natürliche Feinde der Ratte einführt, um diese zu bekämpfen.

Zum Beispiel ist der Seychellen-Turmfalk sehr selten geworden. Man darf annehmen, daß die Bedrohung durch den Menschen und die Konkurrenz der Schleiereule gemeinsam diesen Rückgang bewirkt haben. Ursprünglich wurde die Eule auf den Inseln eingeführt, um eine große und lästige Rattenbevölkerung zu dezimieren, die dort selbst von Natur aus nicht heimisch sind. Auch der Mauritius-Turmfalk gehört aufgrund menschlicher Vernichtungsfeldzüge zu den seltensten Vögeln der Erde. Wahrscheinlich lebten im Jahre 1974 nur mehr zehn Exemplare dieser Falkenart mit einem

Paar, das in freier Wildbahn noch Junge aufzog. Als man einige der letzten überlebenden Artgenossen einfing, um den Mauritius-Turmfalken in einem verzweifelten Versuch vorm Aussterben zu bewahren, gab es heftige Auseinandersetzungen. Es bleibt abzuwarten, ob das Experiment, durch Fortpflanzung in Gefangenschaft die Art zu erhalten, nur eine Verzweiflungstat war oder Erfolg haben wird. Vielleicht wird sich als traurige Tatsache herausstellen, daß der Mauritius-Turmfalk durch nichts mehr zu retten war.

Auf den Philippinen ist die Lage für einen der schönsten aller Greife, den massigen Affenadler, gleichermaßen ernst. Dieser über einen Meter große, langlebige Vogel mit später Brutreife wird auf verschiedene Weisen bedroht. Die Urwälder, in denen er lebt, werden nach und nach für die Landwirtschaft gerodet; lange Zeit bestand eine große Nachfrage auf seiten der Tiergärten nach diesem Adler, eine Tendenz, die inzwischen glücklicherweise nachgelassen hat. Dann wurde der Vogel natürlich auch Opfer der Vernichtungsfeldzüge – wie immer aufgrund der falschen Vorstellung, daß jeder große Vogel mit einem Hakenschnabel automatisch als Schädling klassifiziert werden muß. Das Schlimmste ist schließlich, daß ein ausgestopfter Affenadler als eine Trophäe mit hohem Sozialprestigewert unter den Inselbewohnern gilt – eine Bedrohung, die wie der Abbau der Lebensräume in dem Maße zugenommen hat, wie die anderen Gefahren für den Adler nachgelassen haben. Es scheint heute so zu sein, daß nur noch die Einrichtung großer Naturparks, schärfere Anwendung der das Einfangen und die Ausfuhr dieser Adler betreffenden Gesetze und, vor allem, ein Gesinnungswandel auf seiten der Inselbewohner diese schöne Kreatur retten können.

Der Kalifornische Kondor ist wahrscheinlich der berühmteste aller äußerst seltenen Greifvögel. Gewiß gehört er zu denen, die seit vielen Jahren umfassend erforscht werden, was den amerikanischen Naturschützern und Biologen zu danken ist.

Der riesige und urtümliche Neuweltgeier ist von der Stammesentwicklung her gesehen eine zurückgehende Art. Er ist der letzte Vertreter einer Gruppe großer Aasfresser, von denen angenommen wird, daß sie zu den Vorformen der Raubvögel gehören. Vielleicht hätte es zu Beginn des 19. Jahrhunderts noch Hunderte von Jahren gedauert, bis der Kalifornische Kondor ausgestorben wäre. Aber schon damals wurde er aus seinem Verbreitungsgebiet im Nordwesten Nordamerikas langsam verdrängt. Um 1900 war die Verbreitung auf das Gebiet Kaliforniens beschränkt. Etwa 60 Exemplare leben heute in einem kleinen Areal bei Los Angeles. Sinnlose und illegale Schießwut und Vergiftung von Kadavern haben seinen Bestand auf diese Anzahl dezimiert. Der stattliche Greif bleibt weiterhin von menschlichen Angriffen bedroht. Strengste Schutzbestimmungen und die Bereitstellung von Reservaten durch verschiedene, zusammenarbeitende Organisationen (wo ein solcher Schutz überhaupt möglich ist) scheinen im Augenblick seinen Untergang aufgehalten zu haben. Der völlige Schutz seiner letzten Zufluchtsstätte ist für die Zukunft noch längst nicht gesichert, noch läßt sich die Einhaltung der entsprechenden gesetzlichen Bestimmungen ganz durch-

Oben: Einer von vier Seeadlern, die bei einem erfolglosen Versuch beteiligt waren, diese Art in Schottland wieder einzuführen, wo das letzte Paar vor 60 Jahren brütete.

Rechts: Der herrliche Affenadler der Philippinen ist dem Aussterben nahe, so sehr wurde seine Population durch die Zerstörung der Urwälder, in denen er lebt, durch Trophäenjäger und Vogelhändler, sowie durch unmittelbare Vernichtungsmaßnahmen dezimiert.

setzen. Solange die beiden Bedingungen nicht erfüllt sind, muß der Vogel weiterhin auf der Liste der am meisten gefährdeten Tierarten der Erde stehen.
Die Anzahl der Arten, die vom völligen Untergang bedroht sind, ist zur Zeit gering. Aber die Liste der Vögel, die in einem Teil ihres Verbreitungsgebiets verschwunden sind, ist viel länger. Bei einer chronologischen Behandlung der Ursachen für den Greifvogelrückgang müssen wir zuerst die Frage der Vernichtungsfeldzüge besprechen.
Regelrechte Ausrottungsmaßnahmen waren hauptsächlich eine europäische Angelegenheit. In einem geringeren Ausmaß wurden und werden Greife auch in den Teilen Amerikas, Afrikas und Australiens verfolgt, die von Europäern besiedelt wurden. Allerdings wurde auch sonst auf diesen Kontinenten ein großes Blutbad angerichtet. Man muß zudem begreifen lernen, daß es der Mensch des abendländischen Zivilisationskreises war, der sich systematisch an die Vernichtung der Raubvögel machte. In einfacheren, weniger entwickelten Gesellschaften ist stets versucht worden, die Anzahl der Greife, die Vieh und Geflügel schaden, einzudämmen, doch nie so organisiert, erbarmungslos und mit dem ostentativen Zweck, die Tiere auszurotten, wie das in den zivilisierten Ländern der Fall war.
Gegen Ende des 18. Jahrhunderts wurden in vielen europäischen Ländern zahlreiche Vögel als Schädlinge bekämpft. Aber erst im folgenden Jahrhundert begannen die aus fehlgeleitetem Nützlichkeitsdenken veranlaßten Vernichtungsfeldzüge, wo im Interesse der Erhaltung des Wildbestandes und des Schutzes von Vieh und Geflügel unvorstellbar viele Greifvögel getötet wurden. Das bloße Ausmaß der überlieferten Statistiken ist so ungeheuer, daß es fast unglaublich erscheint, in Europa überhaupt noch Greife vorzufinden. Der holländische Ornithologe Dr. Martin Bijleveld hat diese grausame Geschichte festgehalten. Ein paar Beispiele seiner Zahlen können diesen Punkt hinreichend illustrieren.
Während des 19. Jahrhunderts gab es in vielen Ländern eine amtliche Prämie pro erlegtem Raubvogel, ein System, das noch heute in vielen Gegenden existiert. Die amtlichen Angaben über die Zahl der Opfer in Skandinavien sind gewaltig. Allein zwischen 1846 und 1900 wurden in Norwegen 223 487 Greife getötet. Davon waren 88 000 Stein- und Seeadler. In Großbritannien hatte die enorm verstärkte Wildhaltung und -hütung ein Gemetzel mit ähnlichen Ausmaßen zur Folge. Sogar die Statistiken für einzelne Güter können beängstigend sein. Auf einem schottischen Gut wurden innerhalb von drei Jahren 1372 Vögel vernichtet. Greifvögeleier und ausgestopfte Raubvögel wurden damals immer häufiger gesammelt, zumal die verfolgten Vögel immer seltener wurden. Auch dies trug zu den riesigen Greifvögelverlusten bei. Zu Anfang unseres Jahrhunderts waren dann schließlich der Fisch- und der Seeadler in Großbritannien ausgestorben. Schon lange zuvor waren der Habicht und der Rotmilan hier praktisch ausgerottet. Deutsche Angaben gehen ebenfalls in die Tausende. Und während einer kurzen Periode der Prämienzahlung von 1852 bis 1857 wurden in den Niederlanden 39 233 Raubvögel vernichtet. Man kann diese Liste Land für Land fortführen mit

Links oben: Ein erwachsener Seeadler im Flug. Der Bestand dieses Vogels geht in dem wesentlichen europäischen Verbreitungsgebiet teils infolge des steten Drucks auf seinen Lebensraum, teils als Konsequenz der indirekten Vergiftung durch Umweltchemikalien ständig zurück.

Oben und rechts: Der riesige Kalifornische Kondor ist eine urtümliche Art, die dem Aussterben nahe ist. Heute leben noch ungefähr 50 Exemplare in den Küstenbergen Südkaliforniens.

dem Ergebnis, daß unsere Vorväter im 19. Jahrhundert für die Vernichtung von buchstäblich Millionen Greifvögeln verantwortlich waren.

Auch in den ersten Jahren des 20. Jahrhunderts änderte sich diese Entwicklung nicht grundsätzlich, höchstens daß die Strichlisten in dem Maße immer kürzer wurden, wie sich der Greifvogelbestand verringerte. Man kann vom Ersten Weltkrieg wahrhaftig nicht sagen, daß er etwas Nützliches und Wertvolles zuwege gebracht hätte, aber so paradox es auch klingen mag, eines hat er immerhin geleistet: Weil die Menschen völlig damit beschäftigt waren, einander umzubringen, bekamen die Greifvögel eine Verschnaufpause. Viel zu sehr nahm der Krieg die Menschen in Anspruch, als daß sie sich um Vögel kümmern wollten oder konnten, was sich dann während des Zweiten Weltkrieges wiederholte. Mit dem zunehmenden Interesse an Tier- und Pflanzenwelt und ihrer Erhaltung hat das Blutbad in den letzten Jahren deutlich nachgelassen. Aber es wäre ganz und gar falsch zu meinen, daß die Vernichtungsfeldzüge aufgehört hätten oder die Greifvögelverluste unmerklich geworden wären. Greifzugvögel werden zum Beispiel im Libanon, auf Malta und in Nordafrika zu Tausenden aus blinder Schießwut getötet. Viele Jäger in Südeuropa schießen immer noch Raubvögel ab. Einige erschreckende Zahlen drücken das Ausmaß aus, in dem die Vernichtung der Greifvögel weitergeht: Zwischen 1945 und 1968 erlegten Österreicher allein über 393 000 Greife. Bijleveld schätzt, daß allein in den letzten 15 bis 20 Jahren mehrere Millionen Greifvögel von europäischen Jägern abgeschossen wurden.

Es kann überhaupt keinen Zweifel geben, daß die europäischen Sportjäger diejenigen sind, die für den ungeheueren

Links oben: Ein toter, von einem Wildhüter aufgehängter Turmfalke. Viele Greifvögel werden alljährlich zum Schutz des Niederwilds getötet. Dabei läßt der Turmfalke mit seinen Beutetieren – Kleinnager – das Wild völlig ungeschoren.

Links: Tote Habichte und Eulen, die durch die hochgiftigen Rückstände der in der Landwirtschaft verwandten Umweltchemikalien vergiftet wurden.

Oben: Graphische Darstellung einer Nahrungskette, die die Akkumulation der chemischen Rückstände in einem Greifvogel am Ende der Kette veranschaulicht.

Rechts: Eine grausame und barbarische Art, Greife zu töten, sind solche Fangeisen, die in Großbritannien immer noch häufig verwandt werden, um, wie es heißt, den Greifvogelbestand zu »kontrollieren«. Dabei ist der Gebrauch solcher Fallen seit Jahren verboten.

Bestandsrückgang bei den meisten Greifvögeln in Europa und für das sinnlose Gemetzel verantwortlich sind, das diese Bestandsabnahme bewirkt hat. Vor hundert Jahren betrieb man die Vernichtung der Greife noch aus Unwissenheit. Aber heute, wo wir so viel mehr über das Verhältnis zwischen Greifvogel und seiner Beute wissen, wo wissenschaftliche Untersuchungen eindeutig bewiesen haben, daß die Raubvögel den Bestand an Wildarten für den Waidmann in keinem spürbaren Maße beeinflussen, lassen sich solche Taten kaum mehr mit mangelndem Wissen entschuldigen. In vielen Gegenden herrscht sicher immer noch große Unkenntnis, die zur Zeit häufig durch Vorurteile und schlichte Verachtung für wissenschaftliche Forschungsergebnisse verstärkt wird. Das Paradoxe dabei ist, daß es in einigen Fällen die Jagdverbände waren, die solche Untersuchungen finanziell gefördert haben. Von Wildhütern ausgestellte tote Habichte kann man noch heute in vielen Teilen Europas sehen, sterben doch alte Gebräuche nur langsam aus. Die Verwendung des barbarischen Tellereisens, das auf den Pflöcken und Pfählen montiert wird, auf denen sich der Habicht gerne niederläßt, ist seit dem ersten Drittel unseres Jahrhunderts in Großbritannien verboten. Eine jüngst von der Britischen Gesellschaft für Vogelschutz durchgeführte Aktion ergab jedoch, daß solche Fangeisen trotzdem noch sehr gebräuchlich sind.

In Westeuropa ist die öffentliche Meinung zumindest dabei, wenn auch sehr langsam, den Umweltschutz ernst zu nehmen und sich dem Schutz der Greifvögel zuzuwenden. Immer mehr Waidmänner lernen aus den Fehlern der Ver-

Links: Turmfalken sind eine sehr anpassungsfähige Art, die wegen ihres Auftretens in Städten auch zu den »Großstadtvögeln« gerechnet werden können.

gangenheit und nehmen eine stärker auf ökologischer Kenntnis beruhende Haltung zu den Raubvögeln ein. Man streicht den Ausdruck »Schädling« aus seinem Vokabular. Viele sind ernsthaft am Naturschutz interessiert und wollen in dieser Richtung tätig werden.

Seit der Mensch Geschichte macht, wurden Raubvögel getötet, um Vieh und Geflügel zu schützen. Stets aber waren diese Maßnahmen auf Unkenntnis, Fehlurteilen oder Wunschdenken zurückzuführen. Nun wäre es freilich falsch zu leugnen, daß einige Greife zum Beispiel Hühner erlegen oder Lämmer schlagen. Aber fast immer hat man den angerichteten Schaden sehr übertrieben. Solche Einbußen lassen sich häufig leichter durch eine einfache Verbesserung in den Schutzeinrichtungen oder durch einen Wechsel in der Art der Bodennutzung vermeiden als dadurch, daß man die lästigen Vögel abschießt oder vergiftet. Dieser Umstand läßt sich besonders gut anhand der Streitfrage verdeutlichen, ob der Steinadler nun wirklich Schaden bei der Schafhaltung verursacht oder nicht. Daß der Steinadler gelegentlich ein junges Lamm tötet, ist eine unbestrittene Tatsache. Aber die überwiegende Menge der Tiere, die ihm als Nahrung dienen, findet der Adler als Kadaver. Es gibt keinen, einer Überprüfung standhaltenden Beweis dafür, daß der Steinadler jemals irgendwo einen verheerenden Einfluß auf den Schafbestand ausgeübt hat. Dennoch wird dieser Vogel in Schottland Jahr für Jahr erbarmungslos abgeschossen. In manchen Gegenden im Westen der USA wird er Jahr für Jahr erbarmungslos gejagt und getötet, weil er angeblich Schaden bei der Viehhaltung verursacht. Dabei werden nicht nur die herkömmlichen Vernichtungstechniken eingesetzt. Inzwischen geschieht die Jagd mit Scharfschützen von kleineren Flugzeugen aus. Noch verrufener als der Steinadler ist der Keilschwanzadler als Lämmerfeind in Australien. Dieser Adler wurde vermutlich stärker als irgendein Großvogel auf der Erde verfolgt. Dabei ist er ebensowenig schuldig wie der Steinadler.

Seit jüngster Zeit bewirken neuere, gleichermaßen heimtückische Faktoren kaum weniger fatale Greifvögelverluste. Dazu gehört die andauernde Zerstörung der Lebensräume durch das Roden der Wälder, durch Landverbesserungen und Urbarmachung, durch das Trockenlegen von Sumpf- und Moorgebieten und schließlich durch die Ausdehnung von Industriegebieten und Städten. Jeder dieser Faktoren kann den Bestand einer spezialisierten Greifvogelart wie den Schneckenweih oder die Rohrweihe drastisch verringern, die beide zur Vermehrung bestimmte, nur begrenzt vorhandene Voraussetzungen brauchen. Einige Arten können sich dagegen auf die Veränderungen einstellen. Turmfalken sind eine sehr anpassungsfähige Art, die sich ohne weiteres in Stadt- und Industriegebieten ansiedeln. Andere Arten haben sogar aus diesen Umständen einen Vorteil gezogen. Der Bestand an Sperbern und Kornweihen hat sich zum Beispiel in den Gebieten Großbritanniens vergrößert, in denen heute Nutzwälder stehen.

Bei wiederum anderen Greifvögeln verschwindet nicht der Lebensraum, sondern das Nahrungsangebot. Verbesserte Sanitärbedingungen und die neueren landwirtschaftlichen Methoden gehören zu den Faktoren, die mit den Niedergang

Rechts: Ein so hochspezialisierter Greif wie der Schneckenweih könnte durch den Verlust der Sumpfgebiete, die seinen Lebensraum bilden, gefährdet werden. In den Vereinigten Staaten ist der Weih schon heute eine Seltenheit.

Unten: Die Kornweihenpopulation hat sich in dem neuen, vom Menschen geschaffenen Lebensraum, den die Aufforstung mit Nadelhölzern bietet, trotz andauernder Verfolgung vergrößert.

des Geierbestandes in einigen Teilen Europas bewirkt haben. Ähnliche Entwicklungen könnten den großen Bestand in anderen Teilen der Erde gefährden.

Eine weitere, katastrophale Entwicklung stellt die Verseuchung der Greifvogelnahrung durch hochgiftige, nachhaltige Rückstände bestimmter Chemikalien dar, die als Pflanzenschutz- oder Unkrautbekämpfungsmittel, zusammenfassend als Pestizide oder Biozide bezeichnet, in Gebrauch waren oder sind. Von diesen inzwischen wegen ihrer chronischen Gefahr für den Menschen und die gesamte Lebensgemeinschaft teilweise verbotenen Mitteln haben die chlorierten Kohlenwasserstoffe mit DDT als dem bekanntesten das größte Aufsehen erregt. Aber auch quecksilberhaltige Beiz- und Konservierungsmittel sind sehr gebräuchlich. Noch neuere Untersuchungen haben zutage gefördert, daß die chlorierten Biphenole ebenfalls zu einer weitreichenden Umweltverseuchung führen, zumal in Küstengebieten, wo diese Chemikalien als Industrieabfälle gelagert werden. Beim fortwährenden Kampf gegen die Ausbreitung von Seuchen und Erkrankungen von Mensch und Tier und bei Schädlingsbekämpfungsaktionen haben diese giftigen Chemikalien ohne Zweifel erstaunliche Erfolge erzielt. Allerdings hatte man das Problem der Biozid-Rückstände nicht vorhergesehen, denn viele dieser Verbindungen brauchen Jahre, um sich zu zersetzen. Außerdem untersuchte man die Nebenwirkungen der Umweltchemikalien nur unzureichend oder sah darin überhaupt keine Schwierigkeit. Die Entdeckung, welche verheerende Wirkung die Speicherung und Konzentration dieser giftigen Wirkstoffe in den Körperorganen der Wildtiere und Vögel hatte, blieb den Naturschützern in den Vereinigten Staaten und in West-

Links: Der Steinadler wird immer noch häufig gejagt, um Schafzucht und Wildhaltung zu schützen. Dabei beeinträchtigt er praktisch weder Schaf- noch Wildbestand.

europa überlassen. Eine Saat etwa, die mit einem hochgiftigen Insektenschutzmittel wie DDT behandelt worden ist, bildet die Nahrung vieler Insekten. Die Saat und die sich davon ernährenden Insekten stellen die ersten beiden Glieder eines Zusammenhanges dar, den man als Nahrungskette bezeichnet. Das nächste Glied ist ein insektenfressender Vogel, der große Mengen Insekten verzehren kann, zumal, wenn diese aufgrund einer nicht ganz tödlichen Dosis des Giftstoffes eine leichte Beute sind. Auf diese Weise gelangt das Gift in die Organe des Vogels und wird darin gespeichert, was – erreicht der Wirkstoff eine bestimmte Konzentration – erhebliche Störungen verursacht, und der Vogel verendet, ehe das Ende der Nahrungskette erlangt ist. Den Abschluß der Kette bildet in unserem Falle der vogeljagende Habicht, der häufig mehrere insektenfressende Vögel verspeist. In seinem Gewebe konzentrieren sich damit noch höhere chemische Rückstände, so daß der Habicht, der als Fleischfresser den Nahrungszusammenhang beschließt, äußerst hohe Rückständedosen ansammelt. So führt der Versuch, Ernteausfälle verursachende Schädlinge zu bekämpfen, dazu, daß der Greifvogel durch die Wirkstoffkonzentration in seinem Körper schweren Nebenwirkungen mit schrecklichen Konsequenzen ausgesetzt ist.

Die Nebenwirkungen der Biozide können in verschiedener Gestalt auftreten. Erreichen die Biozid-Rückstände eine sehr hohe Konzentration, so führt diese indirekte, äußerst gefährliche Vergiftung oft unter schwersten Krämpfen zum Tode. Geringere Giftstoffansammlungen sind gleichermaßen gefährlich: Die Vögel legen unfruchtbare Eier oder solche mit dünner, zerbrechlicher Schale. Auch weitreichende Verhaltensstörungen treten als Resultat der indirekten Vergiftung auf. Dabei kann das Brutverhalten beeinflußt werden, was zur Folge hat, daß Gelege nicht ausgebrütet, Eier im Nest zerbrochen oder sogar gefressen werden. Ein plötzlicher, spürbarer Rückgang im Greifvogelbestand machte sich damals sowohl in den Vereinigten Staaten wie in Europa bemerkbar. Vermutlich waren es der verringerte Bruterfolg und das völlige Ausbleiben von Nachwuchs bei einigen Arten, was die Naturschützer zuerst aufschreckte und am stärksten beunruhigte.

Die Ornithologen beider Kontinente traten rasch in Aktion. Bald unternahm man Forschungsstudien in Großbritannien und kurz danach in anderen westeuropäischen Ländern. Im Unterschied zu sonst gelang es hier der öffentlichen Meinung – häufig noch vor der Veröffentlichung der Forschungsergebnisse, welche die schlimmsten Ängste bestätigten – das dieser Gefahr angemessene Meinungsklima zu schaffen, so daß ein langer Kampf sogar zu adäquaten Rettungsmaßnahmen führte. Nach und nach konnten die Regierungen in den verschiedenen Ländern von der Notwendigkeit überzeugt werden, bestimmte Umweltchemikalien zu verbieten oder ihre Anwendung auf ein bestimmtes Maß einzuschränken: Schon heute läßt sich in den Gebieten, in denen der Einsatz von chlorierten Kohlenwasserstoffen verboten oder begrenzt wurde, eine langsame Verbesserung des Bruterfolges bei den gefährdeten Greifvogelarten erkennen.

Dennoch bleibt natürlich noch viel zu tun. Die Tatsache,

Rechts: Die Wanderfalkenpopulation geht in ganz Europa zurück. Als Brutvogel ist er im Osten der Vereinigten Staaten bereits ausgestorben. Hauptursache ist die Vergiftung durch die Rückstände der chlorierten Kohlenwasserstoffe, die als Schädlingsbekämpfungsmittel verwendet wurden.

Links: Der Sperber wird in weiten Teilen des Verbreitungsgebiets immer noch als »Schädling« abgeschossen. Auch seine Population hat durch die Verseuchung der Beute mit Bioziden gelitten.

daß eben die Umweltchemikalien, die in Europa und Amerika gerade aus dem Verkehr gezogen werden, in anderen Teilen der Welt sehr gebräuchlich sind, ist äußerst besorgniserregend. Der Kampf gegen das hochgiftige Methyl- und Phenyl-Quecksilber und gegen die chlorierten Biphenole hat kaum begonnen, auch wenn man heute bereits einige Fortschritte erzielt hat. Gerechterweise sollte man aber ebenfalls erwähnen, daß die Chemieunternehmen, die sich anfangs – nicht unerwarteterweise – gegen die Feststellungen der Naturschützer wandten, mit ihren nicht unbeträchtlichen Mitteln sehr bereitwillig die Forschungs- und Wiederherstellungsprogramme unterstützten, sobald die Tatsachen bekannt waren. Zudem intensivierten sie die Entwicklung sicherer, weniger rückständehaltiger Pestizide. Ornithologische Abhandlungen der letzten 15 Jahre sind voller Schilderungen über Bestandsabnahmen, Verringerung der Bruterfolge, Rückständekonzentration in Eiern, verendete Altvögel und tote Junge. Selbst in Vögeln aus nicht unmittelbar verseuchten Gebieten fanden sich Biozid-Rückstände, die von den Vögeln auf Wanderungen oder im Winterquartier angesammelt wurden. Zu den Beispielen, die man anführen muß, gehören der katastrophale Rückgang bei der Vermehrung der Fischadler im Osten der Vereinigten Staaten, ein vergleichbares Phänomen bei den in Teilen Westschottlands nistenden Steinadlern und das nahezu völlige Verschwinden des Sperbers in Südostengland. Die erschreckendste Folge der Umweltvergiftung ist der ausgedehnte, plötzliche Populationsverlust bei den Wanderfalken in fast allen untersuchten Verbreitungsgebieten.

Unter den Greifvogelarten war der Rückgang des Wanderfalkenbestandes durch Biozid-Einflüsse allem Anschein nach am stärksten. Der Verlauf der rapiden Populationsabnahme dieser Falkenart ist wahrscheinlich genauer verfolgt und besser belegt worden als bei irgendeinem anderen Vogel. Die erschreckenden Einbußen dieses stürmischen und gewandten Vogeljägers, den auf der Jagd zu beobachten ein so herrliches Erlebnis ist, machte den Naturfreunden große Sorge. Zudem sieht man in ihm einen der empfindlichsten Bio-Indikatoren, wie man die Vögel bezeichnet, die durch Bestandsrückgang die schädlichen Umwelteinflüsse anzeigen. Daher signalisieren die Populationsfluktuationen bei solchen Vogelarten den Zustand der Umwelt und ihrer Veränderungen. Angesichts der sich über die gesamte Erde erstreckenden Verbreitung galt der Wanderfalke als einer der anpassungsfähigsten Greifvögel. Dieser Vogeljäger steht mit seiner umfassenden Nahrungspalette am Ende einer Nahrungskette und ist damit schädlichen Umwelteinflüssen in einem sehr starken Maße ausgesetzt. Schon vor der Einführung der giftigen Umweltchemikalien ging sein Bestand zurück, aber dennoch war er mit einer verringerten Population niemals unmittelbar gefährdet. Wenn die Verluste, die ihm durch Verfolgung beigebracht wurden, erst einmal aufhören würden – so schien es –, dann gäbe es keinen Grund, warum dieser Vogel aus unserer Heimat und aus anderen Gegenden verschwinden sollte.

Die Umweltchemikalien haben diesen Zustand radikal geändert. Durch den raschen Rückgang ist heute die Gefahr fast nicht mehr abzuwenden, daß den Wanderfalken das

Oben: Der Schutz selbst eines einzigen Paars brütender Vögel kann von großer Bedeutung für ein Gebiet sein, in dem die betreffende Art selten oder gefährdet ist. Die Fischadler im schottischen Loch-Garten-Reservat sind ein bekanntes Beispiel: Seit 16 Jahren sind sie an diesem Horstplatz voll geschützt. Tausende von Vogelfreunden haben die Adler inzwischen beobachten können.

gleiche Schicksal ereilt wie etwa den amerikanischen Weißkopfseeadler. Auf dem europäischen Festland kann man den Falken kaum noch antreffen; in Norwegen lebt noch eine winzige Anzahl, während sich in Schweden die Zahl der Wanderfalkenpaare von mehreren hundert vor 30 Jahren auf nur ein Dutzend verringert hat. In Finnland gibt es nur noch sechs Paare, in Dänemark nur mehr ein Paar aus zehn, und in Belgien überlebt kein einziges von den ursprünglich 20 Horstpaaren. In der Bundesrepublik hat sich der Bestand der Paare von 400 auf 70, in Polen von 200 auf vielleicht 20, in der Schweiz von 60 auf fünf und in Österreich von 20 auf weniger als fünf vermindert. In Frankreich existieren heute 100 Paare. Die Chancen für die 20 italienischen Paare sind gering, auch wenn hier der Wanderfalkenbestand mit den 100 Falkenpaaren auf Sardinien und den 70 in Sizilien als noch zahlreich angesehen werden darf. Der Bestand in Spanien scheint groß zu bleiben. Dort scheint die Art recht gut zu überleben. Im Jahre 1945 besaß Großbritannien eine Population von 700 Paaren. Eine Bestandsuntersuchung 1963 zeigte aber, daß nur weniger als die Hälfte der bekannten Horste besiedelt waren. Noch alarmierender war die Tatsache, daß nur 16% aller Paare sich überhaupt vermehrten. Im Jahre 1971 konnte man eine Verbesserung bemerken. Damals waren weitere 10% der Reviere bewohnt, und 25% der Paare hatten Junge. Die Lage in Großbritannien ist in der Hinsicht in Europa und den Vereinigten Staaten einmalig, daß sich hier die Wanderfalken wieder von ihrem Populationsschwund erholen.

Auch in Nordamerika sind die Umstände für den Wanderfalken ernst. Es ist praktisch unmöglich, die große arktische und nördliche Population genau zu schätzen. Aber im Westen und in den Küstenstaaten des Nordostens kann man eine drastische und fortlaufende Bestandsverringerung in den Gegenden feststellen, wo Vergleiche mit früheren Populationsuntersuchungen möglich sind. Für die Oststaaten muß man von einem völligen Aussterben während der letzten 15 bis 20 Jahre sprechen. Im Jahre 1964 wurden alle bekannten 133 Horstplätze untersucht. Man fand keinen einzigen ausgewachsenen Vogel. Giftige Chemikalien haben mit einem Schlag hier das beendigt, was andere Formen menschlicher Schädigung und Verfolgung eingeleitet hatten. Der Schaden für die Vogelwelt durch die Biozid-Einflüsse ist eine traurige Geschichte. Neben den nicht weniger tragischen Folgen des oben geschilderten Blutbads sind die Verluste durch Umweltgifte der andere Hauptfaktor für den unglaublichen Rückgang des Greifvogelbestandes in vielen Teilen der technisierten Welt.

Zu diesen Verlusten tragen noch andere Faktoren bei, die zwar nicht für das Gros der Schädigung verantwortlich sind, aber dennoch langfristige Folgen haben. Das Eiersammeln ist zwar nicht länger das Übel, das es einmal war, jedoch wird das Ausmaß häufig nicht ernstgenommen, in dem noch immer Nester ausgeplündert werden. In der Tat ist dies ein viel drängenderes Problem, als diejenigen je eingestehen werden, die Eier sammeln. Das Sammeln von Schaustücken (durch Privatleute oder Museen) hat stark nachgelassen. Zoologische Gärten, Naturparks und private Sammler sind aber auch heute noch für das Einfangen vieler Greifvögel verantwortlich. Selbst wenn es ein trauriger Anblick ist, einen Adler oder großen Geier in einem Käfig eingesperrt zu sehen, nicht länger in der Lage, hoch am Himmel zu segeln und sich meistens auch fortzupflanzen, so kann man doch aus erzieherischen Gründen Argumente für solche Ausstellungen finden, die der Öffentlichkeit zugänglich sind. Dasselbe gilt unter bestimmten, seltenen Umständen auch dann, wenn dadurch eine seltene Art erhalten oder zum Brüten gebracht werden soll. Unglücklicherweise bekennen sich einige der größeren Aussteller nur mit leeren Worten zu diesen Idealen und führen die Tiere praktisch nur deshalb vor, um damit Geld zu machen. Die eher auf ihren guten Namen bedachten zoologischen Gärten bemühen sich dagegen, ihre Vögel in einer besseren Umgebung unterzubringen und sind vorsichtig, was den Ankauf neuer Exemplare angeht, insbesondere wenn es sich um eine seltene oder gefährdete Art handelt. Leider sind die Zwischenhändler, die Greifvögel besorgen und verkaufen, häufig weder daran interessiert, woher die Vögel stammen noch wohin sie verkauft werden, zumal es ihnen meist gleichgültig ist, ob die dazugehörenden Transaktionen im rechtlichen Rahmen bleiben oder nicht. Die Greifvogeleinfuhr, gerade aus Teilen Asiens, ist ein lukratives Geschäft, wobei oft an das Wohlergehen der Vögel auf dem Transitwege zuletzt gedacht wird. Vogelaus- und Vogeleinfuhr sind heute eine Frage, die international Sorge bereitet.

Ein weiterer Grund, weshalb Greife eingefangen werden, ist die Falknerei, ein alter und ehrenhafter Sport, der ursprünglich in Asien und im Nahen Osten aufkam. Heute besitzt die Beizjagd viele Anhänger in Europa, Amerika und anderswo. Der echte Falkner hat sich der Falknerei verschrieben und kann den Großteil seiner Zeit seinen Vögeln widmen. Ihr Wohlergehen ist sein Hauptanliegen. Lieber verzichtet ein passionierter Falkner auf einen Vogel, als daß er seine Aufgaben nur halbherzig wahrnimmt oder die Erhaltung der Art in Freiheit durch den Wunsch gefährdet, eines Exemplars habhaft zu werden. Unabhängig davon, ob man mit den Idealen der Falknerei übereinstimmt oder nicht, muß gesagt sein, daß die Falknerei bedeutend zu unserem Wissen über die Greife beigetragen hat. Heute gehören die besten Freunde der Beizjagd zu den führenden Verbündeten der Naturschützer.

Unglücklicherweise sind die wahren Falkner in der Minderheit: Viele sind lediglich Freizeit-Falkner, die ihre Vögel nur in ihren wenigen freien Stunden auf der Faust atzen und tragen können, damit der Greif zahm bleibt; sie nehmen auf die Prinzipien des Naturschutzes oder die Greifvogelschutzbestimmungen kaum Rücksicht. Deshalb lassen sie sich auch nicht vom Erwerb oder Einfangen solcher Greifvogelarten abhalten, die in unserem Land oder anderenorts bedroht sind, und verschwenden keinen Gedanken auf die Herkunft des Vogels, Hauptsache, daß sie ihn besitzen. Noch schlimmer ist, daß einige die Falknerei mit sogenannten Falkenhöfen (Greifvogel-Schauen) zu einem Geschäft gemacht haben, wo gegen klingende Münze die Flugkünste der Greifvögel mit allem möglichen geschäftemacherischen Drum und Dran (mittelalterliche Trachten der Falkoniere) zu sehen sind. Dabei wird die Beizjagd rücksichtslos popularisiert. Falknerei ist schlicht keine Liebhaberei für den Normalbürger, sondern eine hochspezialisierte Kunst für die wenigen, die entweder die Zeit oder die finanziellen Mittel haben, sie zu praktizieren.

Links: Zwei Beizvögel, die ein Falkner zur Beizjagd verwendet – ein Fledermaus- (außen) und ein Präriefalk (innen).

Oben: Pakistanische Falkner mit ihren Beizvögeln. Die aus der Antike herrührende Falknerei entstand im Nahen und Fernen Osten, wo sie noch heute weit verbreitet ist. Auch in Europa und in Nordamerika gibt es zahlreiche Anhänger dieses Jagdsportes.

Zur Zeit sind die Greifvögel, insbesondere in Europa und Teilen Nordamerikas, zahlreichen Gefahren ausgesetzt, die ohne weiteres zu ihrem Untergang führen können. Es bleibt die Frage, wie sich diese von uns selbst geschaffenen Schwierigkeiten meistern lassen und was bislang hierzu getan wurde. Zum Glück sorgte die Beliebtheit der Greife unter den Naturfreunden und -schützern dafür, daß bereits viele Maßnahmen eingeleitet wurden, was jedoch nicht heißt, daß nicht noch sehr viel mehr getan werden muß. In Nordamerika und Europa hat man inzwischen seine Lektion gelernt und die notwendigen Erfahrungen gesammelt, die sehr wohl für die anderen Teile der Erde in wenigen Jahren von größter Bedeutung sein können.

Greifvogelschutzbestimmungen und scharfe Restriktionen bei Fang, Ein- und Ausfuhr sind dabei wesentliche Mittel. Das Ziel muß der völlige Schutz aller Arten mit entsprechenden Vorkehrungen für Ausnahmen sein, wo solche erforderlich werden. In Europa ist bislang der völlige Greifvogelschutz nur in neun Ländern durchgesetzt. Anderswo gibt es nur zeitweilige Schutzbestimmungen oder gar keine. Im ganzen gesehen ist dieser Zustand weit davon entfernt, zufriedenstellend zu sein. So sind zum Beispiel bessere Einfuhrbestimmungen dringend notwendig. Es gibt natürlich viele Schwierigkeiten: Manchmal ist es nahezu unmöglich, für die Einhaltung der Schutzbestimmungen zu sorgen, wie Naturschützer in Frankreich oder den Vereinigten Staaten leicht bestätigen können. In anderen Fällen müssen wirksame Vogelschutzmaßnahmen angesichts eines großen und machtvollen Jagdverbandes mit entsprechend starkem politischen Einfluß wie ein absurder Traum erscheinen. Die kleine, aber aktive Gruppe der italienischen Naturschützer hat die Tatsache bereits deutlich genug zu spüren bekommen.

Zumindest in Europa und der englischsprachigen Welt beginnt die öffentliche Meinung die Gefahren einzusehen, die mit der als lukrativem Geschäft betriebenen Ausbeutung seltener Tiere und Vögel oder mit der Befriedigung bloßer Modeerscheinungen verbunden sind. Vögel standen dabei nicht oft im Vordergrund, aber auf lange Sicht nützen auch ihnen die unternommenen Aktionen, um Wale, Tiger und andere Tiere zu retten, und zwar schon insoweit, als mehrere Länder den Vogelhandel (einschließlich der Greifvögel) bereits strikten Ein- und Ausfuhrkontrollen unterworfen haben.

Vogelschutz ist natürlich sehr wichtig. Besonders in Europa ist die Einrichtung von Naturschutzgebieten oder anderen geschützten Zonen von großer Bedeutung, wo alle freilebenden Tiere ungestört existieren können. Es gibt schon viele solcher Gebiete, aber noch mehr werden benötigt, hauptsächlich in den südlichen und östlichen Teilen des Kontinents. Die Vereinigten Staaten haben seit langer Zeit einen Vorsprung, was die Schaffung von Schutzzonen, Vogelwarten und Nationalparks angeht. Einige der in jüngster Zeit unabhängig gewordenen afrikanischen Staaten versuchen das große Erbe ihrer Tierwelt aktiv zu bewahren. Auch in Australien und Neuseeland gewinnt die Entwicklung zu einem tätigen Naturschutz an Kraft. In Asien wurde in verschiedenen Gebieten ein Anfang gemacht. Und

in der Sowjetunion und im Ostblock sind vor einigen Jahren beträchtliche Unternehmungen in Gang gesetzt worden. Aber die Errichtung eines Reservats ist noch nicht die Lösung. Dazu gehört die Planung und Leitung von sachkundiger Hand, soll ein solches Schutzgebiet auch Bestand haben. Weiterhin müßte für die Teilnahme der Öffentlichkeit in irgendeiner Form gesorgt sein.
Es hat so viele Einzelmaßnahmen gegeben, mit denen noch vorhandene Horstpaare einer lokalen Vogelpopulation erhalten werden sollten, daß man sie nicht extra aufführen kann. Zudem wächst ihre Anzahl Jahr für Jahr. Wie gut solche Rettungsaktionen funktionieren können, läßt sich anhand der »Operation Fischadler« hinreichend zeigen, die von der Britischen Gesellschaft für Vogelschutz in Schottland durchgeführt wird. Die Operation Fischadler begann mit der Anstrengung, einen äußerst seltenen Vogel zu schützen. Im Laufe der Zeit wurde daraus dann ein Hauptfaktor für öffentliche Unterstützung und Zustimmung, ohne die dem Naturschutz bei Vogelschutzmaßnahmen kein Erfolg beschieden sein wird. Über 100 000 Menschen besuchen pro Jahr das im Rahmen dieser Aktion geschaffene Schutzgebiet, um die Fischadler zu sehen. Verwandte Maßnahmen in anderen Teilen Europas haben später das Fischadler-Projekt als Vorbild benützt.
Auch andere Vorhaben sind bereits angelaufen und könnten sehr wohl vergrößert werden. Französische und spanische Ornithologen haben beispielsweise einige interessante Experimente begonnen, indem sie Geiernahrung (hauptsächlich Schlachthausabfälle) in den Pyrenäen auslegen, ein Versuch, den spärlichen Bartgeierbestand zu erhöhen. In Deutschland und in den Vereinigten Staaten hatte man Erfolg damit, Eier aus einem Nest in ein anderes zu überführen (gelegentlich sogar bei zwei verschiedenen Arten), wenn der Bruterfolg durch die Eltern nicht gewährleistet schien. Solche »künstlichen« Maßnahmen werden manchmal von den Leuten verdammt, die der Meinung sind, man

Oben: Lämmergeier und Bergdohlen. Dieser riesige Geier ist in Europa nahezu ganz verschwunden. Zur Zeit wird in Spanien mit künstlicher Fütterung experimentiert. Möglicherweise wird man auch versuchen, den Geier wieder in den Alpen einzuführen.

sollte der Natur freien Lauf lassen; sie vergessen dabei, daß es nur folgerichtig ist, wenn der Mensch versucht, den großen von ihm angerichteten Schaden durch menschlichen Einfallsreichtum wiedergutzumachen und das natürliche Gleichgewicht wiederherzustellen – freilich ist ein solches Eingreifen nur dann zu verantworten, wenn die Tatsachen vorher bekannt sind und die Durchführung in sachkundigen und verantwortlichen Händen liegt.

Ähnliche Argumente betreffen den Streit, ob man versuchen sollte, Greifvögel wieder in den Gegenden einzuführen, wo der Mensch ihr Aussterben bewirkt hat. Nur wenige Greifvögel tauchen aus natürlichen Gründen in ihrer ehemaligen Heimat wieder auf. Daß der Fischadler nach einer Abwesenheit von 50 Jahren nach Schottland zurückkehrte, ist eine erwähnenswerte Ausnahme. So sollte es mit dieser Methode zum Beispiel möglich sein, den Wanderfalken im Osten der Vereinigten Staaten wieder anzusiedeln. Versucht wurde bereits, dem Seeadler erneut eine Heimat in Großbritannien zu schaffen, bislang jedoch ohne Erfolg. Habichte werden in Europa von einem Gebiet ins andere überführt. Im Alpenraum ist man dabei, dem Bart- oder Lämmergeier wieder ein Dauerquartier in diesem Gebirge zu verschaffen. Man kann freilich nicht oft genug betonen, daß solche Experimente sehr viele wissenschaftlichen Untersuchungen voraussetzen und großes Fachwissen verlangen. Werden sie allgemein in großem Maßstab, wie oft gefordert, durchgeführt, dann könnte es sehr wohl sein, daß damit mehr Schaden angerichtet wird als wiedergutgemacht.

Neuere Anstrengungen, Greifvögel in Gefangenschaft zur Fortpflanzung zu bewegen, insbesondere, um sie anschließend in freier Wildbahn auszusetzen, sind zur Mode geworden. Ohne Zweifel könnte dies von großem Wert sein, gerade für die Falknerei in Gegenden, in denen die Erlaubnis zum Fang wildlebender Vögel nur selten gegeben wird. Jedoch gibt es hierbei viele große Schwierigkeiten: Nicht zuletzt muß man ein Greifvogelpaar erst einmal so weit bringen, daß es sich in Gefangenschaft fortpflanzt, was bislang nur einzelne Greifarten gemacht haben. Unter den wenigen bereits durchgeführten Versuchen war einer besonders gut fundiert, und zwar das amerikanische Experiment, Wanderfalken aufzuziehen und freizulassen. Im Jahre 1974 wurden dabei die ersten Erfolge erzielt – eine Tatsache, deren Erwähnung in unserem Zusammenhang große Freude bereitet.

Vor allem aber müssen Erziehungsprogramme eingerichtet werden, die dem Laien das Verhalten der Greifvögel nahebringen und erklären. Denn nur, indem man Verständnis erweckt, können die durch Unkenntnis und Intoleranz verursachten Ausschreitungen bekämpft und verhindert werden. Kurzum, wir müssen unsere Mitmenschen davon überzeugen, daß ein Habicht genauso wünschenswert, nützlich und schön ist wie ein Singvogel oder ein Niederwild wie Rebhuhn und Fasan. Dazu gehören weitere Forschungsarbeiten, um die allgemeinen Grundsätze, die wir schon heute kennen, zu bestätigen und unser Wissen zu vertiefen. Dazu zählt aber auch die wirksame Vermittlung des akkumulierten Wissens. Wissenschaftliche Abhandlungen in Fachzeitschriften sind nur dann ein Schritt in die richtige Richtung, wenn sie nicht nur von Ornithologen gelesen werden, sondern weiteres Publikum erreichen. Denn wie sollen solche Informationen einem Landwirt, Wildhüter, Jäger oder einem sonstigen Laien etwas sagen, wenn sie in einem, der Öffentlichkeit praktisch nicht zugänglichen Fachjournal publiziert werden? Und was noch wichtiger ist: Wie sollen alle diese Nicht-Fachleute solche meist in wissenschaftlicher Sprache verfaßten Artikel verstehen und die ausgeführten Sachverhalte akzeptieren lernen? Der Wissenschaftler kann, wie der unvernünftige Vogelbeobachter, Tierfotograf oder der engstirnige Naturschützer selbst sehr leicht zum schlimmsten Feind der Greifvögel werden, wenn er nicht begreifen lernt, daß die Vögel allen Menschen gehören.

Glücklicherweise interessieren sich heute mehr und mehr Menschen für unsere Tierwelt. Sie alle haben auch den Wunsch, mehr über die Tiere zu erfahren und da zu helfen, wo der Tierwelt Gefahr droht. Man kann also hoffen, daß unsere herrlichen und schönen Greifvögel bei mehr Kenntnissen über ihre Lebensweise überleben werden, um einmal die Enkel unserer Kinder zu erfreuen.

Die Greifvogelarten

Die folgende Liste enthält alle Mitglieder der Ordnung Greifvögel. Die wissenschaftlichen Namen und die Reihenfolge entsprechen im wesentlichen der Nomenklatur und Gliederung, die Leslie Brown und Dean Amadon in ihrem Buch *»Eagles, Hawks and Falcons of the World«* (erschienen im Verlag Hamlyn, Feltham, Middlesex, 1969) entwickelt haben.

Die Ordnung Falconiformes wird in drei Unterordnungen aufgeteilt, die jeweils in Familien untergliedert sind. Innerhalb der Familien werden eng miteinander verwandte Vögel in Gattungen zusammengefaßt. Der Gattungsname ist der erste der beiden lateinisch-griechischen Namen. *Beide* Bezeichnungen *zusammen* bilden den Namen der betreffenden Art.

Unterordnung Cathartidae

Familie Neuweltgeier – Cathartidae

Cathartes aura	Truthahngeier
Cathartes burrovianus	Gelbkopfgeier
Cathartes melambrotus	Größerer Gelbkopfgeier
Coragyps atratus	Rabengeier
Sarcorhamphus papa	Königsgeier
Gymnogyps californianus	Kalifornischer Kondor
Vultur gryphus	Andenkondor

Unterordnung Accipitridae

Familie Fischadler – Pandioninae

Pandion haliaëtus	Fischadler

Familie Habichtartige – Accipitridae

Aviceda cuculoides	Afrikanischer Kuckuck-Schopfbussard (oder auch Binsenbussard und Kuckucksweih)
Aviceda madagascariensis	Madagaskar-Schopfbussard
Aviceda jerdoni	Indischer Schopfbussard
Aviceda subcristata	Australischer Schopfbussard
Aviceda leuphotes	Zwergschopfbussard
Leptodon cayanensis	Cayenne-Milan
Chondrohierax uncinatus	Langschnabelmilan
Henicopernis longicauda	Papua-Wespenbussard
Henicopernis infusacata	Schwarzer Wespenbussard
Pernis apivorus	Wespenbussard
Pernis celebensis	Malayen-Wespenbussard
Elanoides forficatus	Schwalbenweih
Machaerhamphus alcinus	Fledermaus-Gleitaar
Gampsonyx swainsonii	Perlenweih
Elanus leucurus	Amerikanischer Gleitaar
Elanus caeruleus	Schwarzflügel-Gleitaar
Elanus notatus	Australischer Gleitaar
Elanus scriptus	Schwarzachsel-Gleitaar
Chelictinia riocourii	Schwalbengleitaar
Rostrhamus sociabilis	Schneckenweih, Everglades-Schneckenweih
Rostrhamus hamatus	Hakenweih
Harpagus bidentatus	Zahnweih
Harpagus diodon	Rotschenkelweih
Ictinia plumbea	Südschwebeweih
Ictinia misisippiensis	Mississippi-Weih
Lophoictinia isura	Schopfmilan
Hamirostra melanosteron	Haubenmilan
Milvus migrans	Schwarz- oder Schmarotzermilan
Milvus milvus	Rotmilan
Haliastur sphenurus	Pfeifweih
Haliastur indus	Brahminenweih
Haliaeëtus leucogaster	Weißbauchseeadler
Haliaeëtus sandordi	Salomonenseeadler
Haliaeëtus vocifer	Schreiseeadler
Haliaeëtus vociferoides	Madagaskar-Schreiseeadler
Haliaeëtus leucoryphus	Bandseeadler
Haliaeëtus leucocephalus	Weißkopfseeadler
Haliaeëtus albicilla	Seeadler
Haliaeëtus pelagicus	Riesenseeadler (*haliaeëtus pelagicus niger* – Korea-Seeadler)
Icthyophaga nana	Kleiner Fischadler oder auch Tauchadler
Icthyophaga ichthyaëtus	Weißschwanzfischadler (oder Weißschwanztauchadler
Gypohierax angolensis	Palmgeier
Gypaëtus barbatus	Bart- oder Lämmergeier
Neophron percnopterus	Schmutzgeier (neophron percnopterus ginginianus – Gelbschnabelschmutzgeier

Necrosyrtes monachus	Kappengeier (Schmutzgeier)
Gyps bengalensis	Bengalgeier (zus. mit dem *gyps africanus* auch als *pseudogyps* = Truggeier)
Gyps africanus	Zwerggänse- oder Weißrückengeier
Gyps indicus	Indischer Geier oder Langschnabelgeier
Gyps rueppellii	Sperbergeier
Gyps himalayensis	Schneegeier
Gyps fulvus	Gänsegeier
Gyps coprotheres	Fahlgeier
Gyps tenuirostris	Schmalschnabelgeier
Torgos tracheliotus	Ohrengeier
Sarcogyps calvus	Lappengeier
Aegypius monachus	Mönchsgeier
Trigonoceps occipitalis	Wollkopfgeier
Circaëtus gallicus	Schlangenadler
Circaëtus gallicus pectoralis	Schwarzbrustschlangenadler
Circaëtus gallicus beaudouini	Beaudouin-Schlangenadler
Circaëtus cinereus	Afrikanischer oder Brauner Schlangenadler
Circaëtus fasciolatus	Graubrustschlangenadler
Circaëtus cinerascens	Braunbrust- oder Bandschlangenadler
Terathopius ecaudatus	Gaukler
Spilornis holospilus	Philippinen-Schlangenhabicht
Spilornis rufipectus	Celebes-Schlangenhabicht
Spilornis cheela	Indischer Schlangenhabicht
Spilornis klossi	Nicobar-Schlangenhabicht
Spilornis elgini	Andaman-Schlangenhabicht
Dryotriorchis spectabilis	Kongo-Schlangenhabicht
Eutriorchis astur	Madagaskar-Schlangenhabicht
Polyboroides typus	Äthiopische Höhlenweihe (auch Schlangensperber)
Polyboroides radiatur	Höhlenweihe (Schlangensperber)
Geranospiza caerulescens	Sperberweihe
Circus assimilis	Gesprenkelte Weihe (auch Australweihe
Circus aeruginosus	Rohrweihe
Circus ranivorus	Froschweihe oder Afrikanische Rohrweihe
Circus maurus	Schwarzweihe
Circus cyaneus	Kornweihe
Circus cinereus	Aschgraue Weihe
Circus macrourus	Steppenweihe
Circus pygargus	Wiesenweihe
Circus melanoleucus	Schwarzweißweihe
Circus buffoni	Langschwingenweihe
Circus maillardi	Réunion-Weihe
Melierax metabates	Dunkler Singhabicht (auch Dunkler Grauflügelhabicht)
Melierax canorus	Heller Singhabicht (oder Heller Grauflügelhabicht)
Melierax gabar	Gabar-Habicht
Megatriorchis doriae	Doria-Habicht
Erythrotriorchis radiatus	Australischer Habicht
Accipiter gentilis	Habicht
Accipiter gentilis gallinarum	Europäischer Habicht

Accipiter gentilis gentilis	Skandinavisch-Baltischer Habicht
Accipiter henstii	Henst-Habicht
Accipiter melanoleucus	Trauerhabicht (auch Mohrenhabicht)
Accipiter meyerianus	Schwarzrückenhabicht
Accipiter buergersi	Bunthabicht
Accipiter ovampensis	Ovambosperber (auch Ovambohabicht)
Accipiter madagascariensis	Madagaskar-Habicht
Accipiter gularis	Japanischer Habicht
Accipiter virgatus	Besra-Habicht
Accipiter nanus	Celebes-Zwerghabicht
Accipiter rhodogaster	Rotbrusthabicht
Accipiter erythrauchen	Molukkenhabicht
Accipiter cirrhocephalus	Halsbandhabicht
Accipiter brachyurus	New Britain-Habicht
Accipiter nisus	Sperber
Accipiter rufiventris	Afrikanischer Sperber oder Rotbauchsperber
Accipiter striatus	Eckschwanzsperber
Accipiter erythropus	Rotschenkel- oder Rotfußsperber
Accipiter minuleus	Afrikanischer Zwergsperber
Accipiter castanilius	Rotbauchsperber
Accipiter tachiro	Afrikanischer Habicht, Tachirohabicht
Accipiter trivirgatus	Schopfhabicht
Accipiter griseiceps	Celebes-Schopfhabicht
Accipiter trinotatus	Schwanzgefleckter Habicht
Accipiter luteoschistaceus	Blaugrausperber
Accipiter fasciatus	Australischer Habicht
Accipiter henicogrammus	Gray-Habicht
Accipiter novaehollandiae	Weißbrauen- oder Eidechsenhabicht
Accipiter griseogularis	Graukehlhabicht
Accipiter melanochlampys	Schwarzmantelhabicht
Accipiter imitator	Nachäffersperber
Accipiter albogularis	Bunthabicht
Accipiter haplochrous	Neukaledonien-Sperber
Accipiter rufitorques	Fiji-Habicht
Accipiter poliocephalus	Neuguinea-Graukopfhabicht
Accipiter princeps	New Britain-Graukopfhabicht
Accipiter soloensis	Grauer Froschhabicht
Accipiter brevipes	Kurzschwanzsperber, auch Levantsperber
Accipiter badius	Schikra, auch Kurzfangsperber
Accipiter butleri	Nicobar-Schikra
Accipiter francesii	Anjouaninsel-Sperber
Accipiter collaris	Amerikanischer Kragensperber
Accipiter superciliosus	Zwergsperber
Accipiter gundlachi	Gundlach-Habicht
Accipiter cooperii	Rundschwanzsperber
Accipiter bicolor	Zweifarbensperber
Accipiter poliogaster	Graubauchhabicht
Urotriorchis macrourus	Langschwanzhabicht
Butastur rufipennis	Heuschreckenbussard
Butastur liventer	Rotflügelbussard
Butastur teesa	Weißaugenbussard
Butastur indicus	Graugesichtbussard
Kaupifalco monogrammicus	Sperberbussard (Kehlstreifbussard)
Leucopternis schistacea	Schieferbussard
Leucopternis plumbea	Grau- oder Bleibussard
Leucopternis princeps	Prinzenbussard
Leudopternis melanops	Schwarzgesichtbussard
Leucopternis kuhli	Weißbrauenbussard

Leucopternis lacernulata	Weißhalsbussard
Leucopternis semiplumbea	Teilgraubussard
Leucopternis albicollis	Weißbussard
Leucopternis occidentalis	Graukopfbussard
Leucopternis polionota	Mantelbussard
Buteogallus anthracinus	Krabbenbussard
Buteogallus aequinoctialis	Roter Krabbenbussard
Buteogallus urubitinga	Schwarzbussard
Harpyhaliaëtus solitarius	Einsiedleradler
Harpyhaliaëtus coronatus	Streitaar
Heterospizias meridionalis	Froschhabicht
Busarellus nigricollis	Schwarzhalsbussard
Geranoaëtus melanoleucus	Agujia (die)
Parabuteo unicinctus	Wüstenbussard
Buteo nitidus	Graubussard
Buteo magnirostris	Rotschnabelbussard
Buteo leucorrhous	Weißflügelbussard
Buteo ridgwayi	Ridgway-Bussard
Buteo lineatus	Rotschulterbussard
Buteo platypterus	Breitschwingenbussard
Buteo brachyurus	Kurzschwanzbussard
Buteo swainsonii	Präriebussard
Buteo galapagoensis	Galapagos-Bussard
Buteo albicaudatus	Weißschwanzbussard
Buteo polyosoma	Rotrückenbussard
Buteo poecilochrous	Veränderlicher Bussard
Buteo albonotatus	Bandschwanzbussard
Buteo solitarius	Hawaii-Bussard
Buteo ventralis	Anden-Bussard
Buteo jamaicensis	Rotschwanzbussard
Buteo buteo	Mäusebussard
Buteo buteo vulpinus	Falkenbussard (Steppenbussard)
Buteo buteo menetriesi	Kaukasus-Falkenbussard
Buteo oreophilus	Bergbussard
Buteo brachtypterus	Madagaskar-Bussard
Buteo lagopus	Rauhfußbussard
Buteo rufinus	Adlerbussard
Buteo hemilasius	Hochlandbussard
Buteo regalis	Königsbussard
Buteo auguralis	Felsenbussard
Buteo rufofuscus	Schakalbussard
Morphnus guianensis	Würgadler
Harpia harpyja	Harpyie (die)
Harpyopsis novaeguineae	Harpienadler, auch Neuguinea-Würgadler
Pithecophaga jefferyi	Affenadler
Ictinaëtus malayensis	Malaienadler, auch Schwarzadler
Aquila pomarina	Schreiadler
Aquila clanga	Schelladler
Aquila rapax	Raubadler (auch Steppenadler – *aquila nipalensis)*
Aquila heliaca	Kaiseradler
Aquila wahlbergi	Silberadler (auch Wahlberg-Adler)
Aquila gurneyi	Gurney-Adler
Aquila chrysaëtos	Steinadler
Aquila audax	Keilschwanzadler
Aquila verreauxi	Kaffernadler
Hieraaëtus fasciatus	Habichtsadler, Afrikanischer Habichtsadler
Hieraaëtus pennatus	Zwergadler
Hieraaëtus morphnoides	Kleinadler
Hieraaëtus dubius	Kleiner Habichtsadler, Fleckenadler oder Ayres-Habichtsadler
Hieraaëtus kienerii	Rotbauchzwergadler
Spizastur melanoleucus	Schwarzweiß-Haubenadler
Lophaëtus occipitalis	Schopfadler
Spizaëtus africanus	Afrikanischer Haubenadler
Spizaëtus cirrhatus	Einfarb-Haubenadler
Spizaëtus nipalensis	Nepal-Haubenadler
Spizätus bartelsi	Java-Haubenadler
Spizaëtus lanceolatus	Celebes-Haubenadler
Spizaëtus philippensis	Philippinen-Haubenadler
Spizaëtus alboniger	Blyth-Haubenadler
Spizaëtus naus	Wallace-Haubenadler
Spizaëtus tyrannus	Tyrannhaubenadler
Spizaëtus ornatur	
Spizaëtus ornatus	Prachthaubenadler
Stephanoaëtus coronatus	Kronenadler
Oroaëtus isidori	Glanzhaubenadler
Polemaëtus bellicosus	Kampfadler

Familie Sagittariidae

Sagittarius serpentarius	Sekretär

Unterordnung Falconidae

Familie Falkenartige – Falconidae

Daptrius ater	Gelbkinn-Geierfalk oder -Karakara (der)
Daptrius americanus	Rotkehl-Karakara
Phalcoboenus carunculatus	Klunker-Karakara
Phalcoboenus megalopterus	Anden-Karakara
Phalcoboenus albogularis	Weißkehl-Karakara, Darwin-Karakara
Phalcoboenus australis	Südlicher Karakara, Forster-Karakara
Polyborus lutosus	Guadeloupe-Karakara (ausgestorben)
Polyborus plancus	Karakara, Carancho, Geierfalke
Milvago chimango	Chimango
Milvago chimachima	Gelbkopf-Chimachima
Herpetotheres cachinnans	Lachfalk oder -habicht
Micrastur ruficollis	Rotkehl-Wanderfalk
Micrastur ruficollis	Rotkehl-Waldfalk
Micrastur plumbeus	Grauer Waldfalk
Micrastur mirandollei	Mirandolle-Waldfalk
Micrastur semitorquatus	Schwarzkappen-Waldfalk
Micrastur buckleyi	Traylor-Waldfalk
Spiziapteryx circumcinctus	Tropfen-Zwergfalk
Polihierax semitorquatus	Halsband-Zwergfalk
Polihierax insignis	Fielden-Zwergfalk
Microhierax caerulescens	Indischer Zwergfalk
Microhierax fringillarius	Malaiischer Zwergfalk
Microhierax latifrons	Nordborneo-Zwergfalk
Microhierax erythrogonys	Philippinen-Zwergfalk
Microhierax melanoleucus	Trauer-Zwergfalk

Falco naumanni	Rötelfalk
Falco rupicoloides	Steppenfalk, auch Afrikanischer Turmfalk
Falco alopex	Fuchsfalk
Falco sparverius	Buntfalk
Falco tinnunculus	Turmfalk
Falco newtoni	Madagaskar-Turmfalk
Falco punctatus	Mauritius-Turmfalk
Falco araea	Seychellen-Turmfalk
Falco moluccensis	Molukken-Turmfalk
Falco cenchroides	Australischer Turmfalk
Falco ardosiaceus	Graufalk
Falco dickinsoni	Schwarzrückenfalk
Falco zoniventris	Madagaskar-Graufalk
Falco vespertinus	Rotfußfalk
Falco chiquera	Rotkopfmerlin, Rothalsfalk
Falco columbarius	Merlin, Taubenhabicht
Falco berigora	Braunfalk
Falco novaezeelandiae	Neuseeland-Falk
Falco subbuteo	Baumfalk

Falco cuvieri	Afrikanischer Baumfalk
Falco severus	Indischer Baumfalk
Falco longipennis	Australischer Baumfalk
Falco eleonorae	Eleonorenfalk
Falco concolor	Schieferfalk, auch Blaufalk genannt
Falco rufigularis	Fledermausfalk
Falco femoralis	Aplomado-Falk
Falco hypoleucos	Australischer Schiefer- oder Blaufalk
Falco subniger	Australfalk
Falco biarmicus	Lanner, Lannerfalk
Falco mexicanus	Präriefalk
Falco jugger	Laggarfalk
Falco cherrug	Würgfalk
Falco rusticolus	Gerfalk
Falco deiroleucus	Rotbrustfalk
Falco fasciinucha	Teitafalk, Kurzschwanzfalk
Falco kreyenborgi	Kleinschmidt-Falk
Falco peregrinus	Wanderfalk

Greifvögel unserer Heimat

Die folgenden Flugbilder und die Kennzeichnung charakteristischer Merkmale sollen dem Naturfreund helfen, die häufigsten in unserer Heimat vorkommenden Greife zu erkennen und zu bestimmen. In der Regel wird man auf Greifvögel aufmerksam, wenn sie fliegen.

Adler gehören zu den großen Raubvögeln und besitzen einen mächtigen Hakenschnabel. Sie segeln oft in einem majestätischen Flug voller Kraft dahin. Das Gefieder ist je nach Alter unterschiedlich, was häufig zu Verwechslungen führt. Männchen (♂) und Weibchen (♀) sind gleich groß.

Steinadler *(Aquila chrysaëtos);* auch Königsadler: 78–95 cm; *Spannweite:* etwa 200–230 cm. Im Fluge neben seiner Größe durch die starke Fingerung der Handschwingen zu erkennen. *Altvögel:* einfarbig dunkelbraunes Gefieder mit goldgelber Tönung am Kopf und Schwanz (daher auch als Goldadler bezeichnet). *Jungvögel:* oben dunkler, beinahe schwarzbraun, zeigen im Flug an der Wurzel der Handschwingen einen deutlichen weißen Fleck (zur Identifizierung der Schwungfedern siehe Abb. S. 49); der Schwanz ist weiß mit einer schwarzen Endbinde (die weiße Schwanzfärbung geht mit dem Alter zurück). *Stimme:* seltene »hiäh«–, »jick-jick-jick«–, bzw. »keckeckeck«–Rufe. *Lebensraum:* Gebirgsvogel; Horst in einsamen steilen Felswänden unterhalb der Baumgrenze. *Vorkommen:* Alpenraum; bayr Alpen: etwa 17 Paare mit Wechselhorsten auf der österreichischen Seite; Österreich knapp 60 Brutpaare; Schweiz circa 70. Im Alpenraum vermutlich mindestens 150 Paare (Abb. S. 52, 91, 114).

Schreiadler *(Aquila pomarina)* 61–66 cm; *Spannweite:* 145–170 cm. Kaum größer als ein Bussard, adlerartige Gestalt; im Flug stark gefingerte Handschwingen (sechs gerade noch sichtbar). Beim Kreisen wird der Kopf stark vorgestreckt. Die Läufe sind befiedert. *Altvögel:* erdbraun mit helleren Flügeldecken. *Jungvögel:* gelblich weiße Flecken auf den Flügeln. Junge Schreiadler lassen sich vom sehr ähnlichen Schelladler (größer) durch einen rostfarbenen oder gelblichen Nackenfleck unterscheiden. *Stimme:* wie schrilles Hundekläffen; »kjäk, kjäk, kjäk«. *Lebensraum:* Laub- und Mischwälder, oft in wasserreichen Landschaften; Baumhorst. *Verbreitung:* DDR, einzelne Exemplare im Böhmerwald an der Ostgrenze Bayerns.

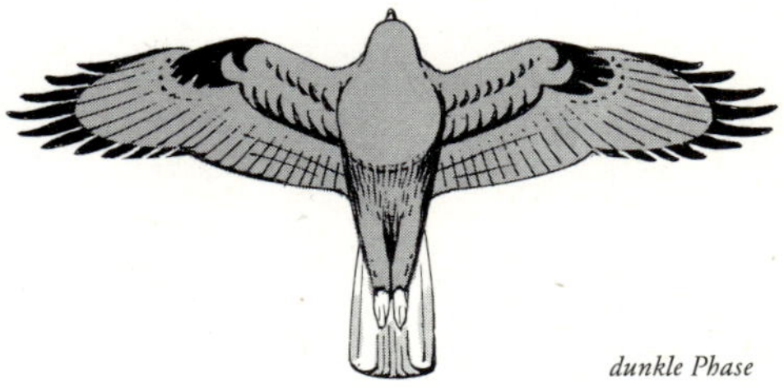

dunkle Phase

Zwergadler *(Hieraaëtus pennatus)* 43–55 cm; *Spannweite:* 110–130 cm; bussardgroß, langschwänzig; gewandter Flieger mit erstaunlichen Balzspielen. Befiederte Läufe. *Helle* und *dunkle Färbungsvarianten,* die *hellere* Phase ist viel häufiger: eine weiße Unterseite mit stark kontrastierenden schwarzen Handschwingen und dem zum Körper hin schmäler werden-

helle Phase

den schwarzen Randstreifen; schwarze Handgelenkflecken, Schwanz einfarbig und ohne Endbinde. *Dunklere Phase:* einfarbig dunkelbraun mit schwarzen Flecken an den Handwurzeln. *Stimme:* ruffreudig, »kiik«. *Lebensraum:* Waldvogel, Ebenen und Mittelgebirge. In Deutschland nur als umherstreifender Gast; ansonsten südliche und östliche Teile Frankreichs bis nach Lothringen; Balkanhalbinsel und nordwärts bis nach Kärnten (Abb: S. 35).

Bussarde besitzen einen kräftigen Körper und einen kurzen, breiten Schwanz. Sie wirken im Fluge etwas schwerfällig durch ihre breiten Schwingen. Bussarde segeln und kreisen hoch am Himmel.

Mäusebussard *(Buteo buteo)* 51–60 cm; *Spannweite:* 120–140 cm. Der Mäusebussard ist der häufigste Greif unserer Heimat. Kommt in fast allen Landschaftsformen vor. *Kennzeichen:* Gut am Flugbild durch die breiten Schwingen, den gerundeten Schwanz und den sehr kurzen Hals zu erkennen. Die Färbung der Altvögel ist sehr unterschiedlich, meistens dunkelbraun mit einer weißgefleckten Unterseite. Ausdehnung der weißen Färbung an Unterseite und Unterflügel variabel. *Altvögel* sind eher quergebändert, *Jungvögel* eher längsgestreift. Der Schwanz weist mindestens sechs schmale Querbinden in Braun und Grau auf (Unterscheidungsmerkmal zum Rauhfußbussard). *Stimme:* »hiäh«-Rufe. *Lebensraum:* brütet in Laub-, Misch- u. Nadelwäldern, Jagd auf Feldern und Wiesen; im Flachland und Gebirge. Häufigster Greifbrutvogel in Deutschland, Österreich und der Schweiz (Abb.: S. 54).

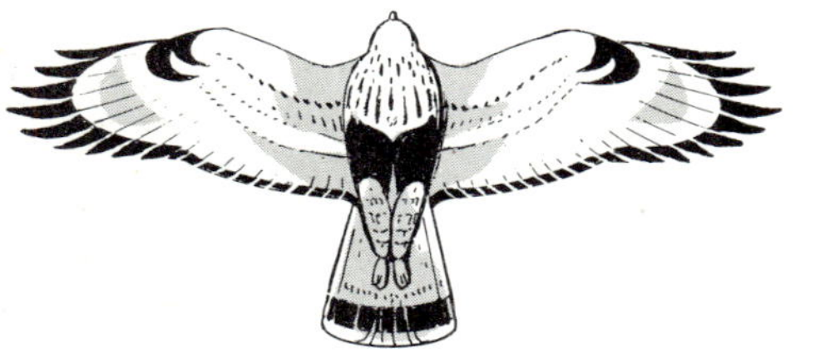

Rauhfußbussard *(Buteo lagopus)* 51–61 cm; *Spannweite:* 130–150 cm. Unterscheidet sich vom Mäusebussard durch längere und schmälere Flügel sowie durch den weißen Schwanz mit einer breiten dunklen Endbinde; außerdem durch den auf beiden Flügelseiten deutlichen schwarzen Fleck an der Handwurzel. Meist auch größer als der Mäusebussard. Rüttelt häufiger und besitzt bis zu den Zehen befiederte Läufe (daher sein Name). *Stimme:* wie der Ruf des Mäusebussards, nur heller. *Vorkommen:* nicht sehr häufiger Wintergast im deutschsprachigen Raum (Abb.: S. 101).

Kennzeichnend für die **Habichte und Sperber** sind der kleine Kopf, die kurzen Flügel und der lange Schwanz. Die Schwingen sind kurz und gerundet. Im Flug abwechselnd rasche Flügelschläge und kurzes Gleitfliegen.

Habicht *(Accipiter gentilis)* 47–61 cm; ♀ ist sehr viel größer als ♂. *Spannweite:* ♂ 100 cm, ♀ 115–120 cm. Scheuer Waldvogel. Auffällig gerundeter kurzer Flügel und ein langer Schwanz mit vier breiten dunklen Querbinden. *Althabichte* sind oben graubraun bis schiefergrau. Die Unterseite weist eine enge dunkle Querbinderung, die sogenannte »Sperberung« auf. *Jungvögel* sind auf der Oberseite eher bräunlich, ihre Unterseite hat auf rötlicherem Grund dunkle Längsflecken (daher häufige Verwechslung mit dem Mäusebussard). Überaugenstreif. *Jung- und Altvögel:* gelbe bis rötliche Iris; dagegen beim Mäusebussard immer braun. *Stimme:* ein mäusebussardähnlicher Schrei, bzw. ein schnatterndes »gigigig«. *Lebensraum:* Waldgebiete, vorwiegend Nadelforste, mit nahem offenen Gelände. Starke Bestandsabnahme durch Abschuß und Fang; in manchen Gegenden selten als Brutvogel (Abb.: S. 30).

Sperber *(Accipiter nisus)* Verkleinertes Ebenbild des Habichts, im Flug wechselnd zwischen schnellen Flügelschlägen und längeren Gleitstrecken. 28–38 cm; ♀ größer als ♂ (gleiche allgemeine Kennzeichen wie der Habicht). *Altvögel* besitzen eine eng bebänderte Unterseite und lange gelbe Beine. ♂: Oberseite schiefergrau mit rostrot gesperberter Unterseite. ♀: einheitlich graubraun auf der Oberseite. Unten auf hellerem Grund graubraun gebändert. *Stimme:* zur Brutzeit reichhaltige »kikikikik«-artige Rufe. *Lebensraum:* Wälder und baumbestandene Kulturlandschaft. Flachland wie Hochgebirge. In jüngster Zeit katastrophale Bestandsabnahme (Abb.: S. 60, 61, 84, 116).

Milane besitzen einen kleinen Kopf, lange Körper und lange Flügel sowie einen langen, gegabelten oder gekerbten Schwanz. Sie segeln leicht dahin, wobei die Steuerung mit dem beweglichen Schwanz auffällt.

Rotmilan *(Milvus milvus)* 61 cm; *Spannweite:* 150–170 cm. Läßt sich anhand des langen, tief gegabelten rotbraunen Schwanzes, der auch bei starker Spreizung zu erkennen ist, leicht bestimmen (daher im Volksmund auch »Gabelweih« genannt). Im Flug erkennt man den Rotmilan außerdem an dem großen weißen Fleck vor den schwarzen Spitzen der Handschwingen. Die Oberseite ist rotbraun gefärbt mit helleren Federsäumen, die Unterseite

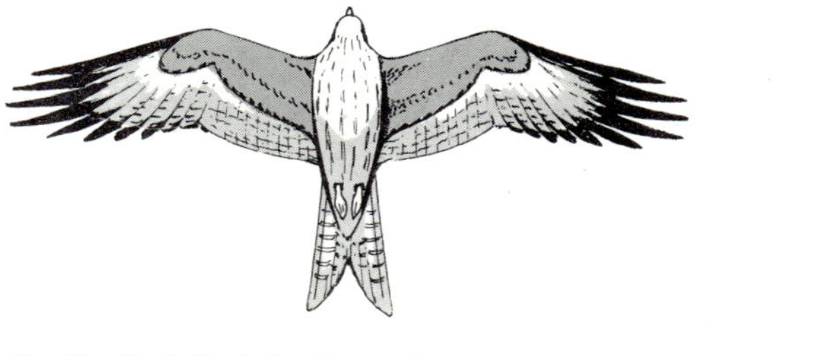

dunkel gestreift. Der Kopf ist hell mit dunkler Strichelung. *Jungvögel* sind heller mit einem bräunlich gestreiften Federkleid am Kopf. Müheloses Segeln wie beim Mäusebussard, normaler Flug kräftiger. Gut anhand des Flugbildes zu identifizieren. *Stimme:* langgezogenes »hiäh«. *Lebensraum:* offenes Gelände mit altem Baumbestand, bewaldete Hügel, örtlich im Tiefland. *Vorkommen:* in Deutschland seltener Brutvogel, sonst als Durchzügler und Überwinterer (Abb.: S. 21).

Schwarzmilan *(Milvus migrans);* auch **Schmarotzermilan** 56 cm; *Spannweite:* 140–150 cm. Ähnelt dem Rotmilan; Unterschied: weniger tief gegabelter Schwanz, geringere Größe (etwa wie ein Bussard) und deutlich dunklere Gefiederfärbung mit hellerer Oberseite an

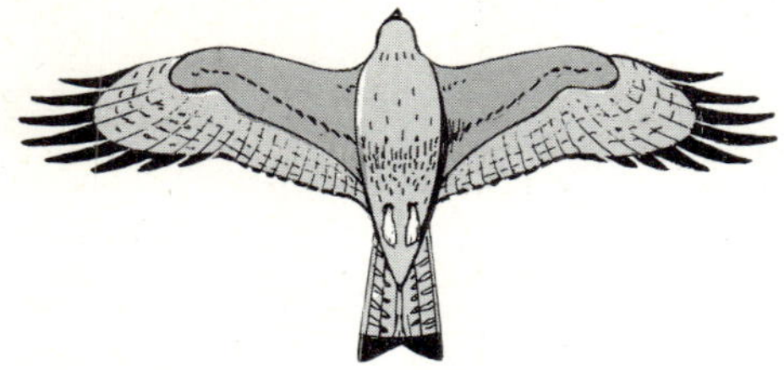

den Flügeln. *Stimme:* am Brutplatz trillernde Rufe wie beim Rotmilan. *Lebensraum:* in Gewässernähe. *Vorkommen:* Wie beim Rotmilan; ansonsten hauptsächlich Mittel-, Süd- und Osteuropa.

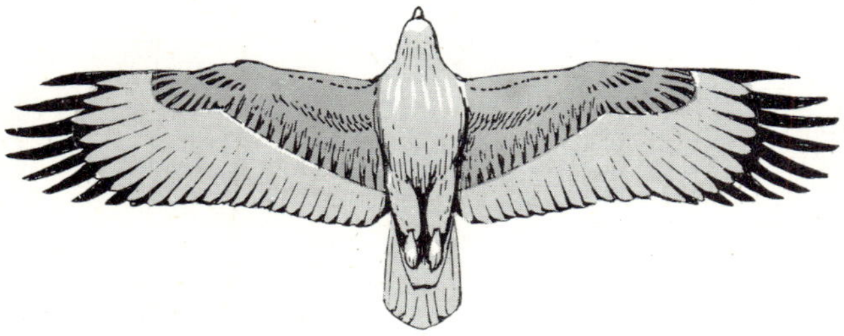

Seeadler *(Haliaeëtus albicilla)* Dieser sehr große Adler (61–91 cm) mit den gewaltigen Flügeln *(Spannweite:* 210–250 cm) ist nicht nur der größte europäische Greif, sondern auch der größte europäische Vogel. Die breiten Flügel enden auch breit, wirken brettartig mit stark gefingerten Handschwingen. Im Flug ragt der massige Kopf weit voraus. Die dunkelbraunen bis schwach braunen *Altvögel* sind an dem weißen kurzen keilförmigen Schwanz, dem leicht bräunlichen Kopf und dem starken gelben Schnabel zu erkennen. *Jungvögel* sind schwarzbraun und am Kopf, Schwanz und Schnabel dunkler getönt, lassen sich vom Steinadler durch den kürzeren und keilförmigeren Schwanz unterscheiden. *Stimme:* ein grelleres »kji, kji, kji« und ein dumpferes »krä«. *Lebensraum:* in Küstennähe und an Binnengewässern. *Vorkommen:* Restbestand in Norddeutschland, Ostseeländern und Skandinavien (Abb.: S. 106).

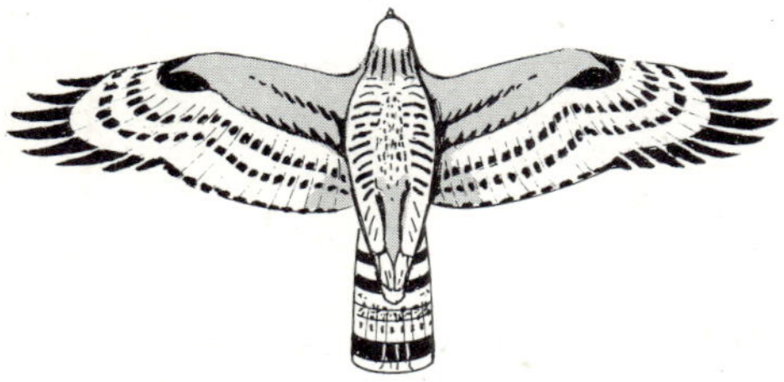

Wespenbussard *(Pernis apivorus)* 51–68 cm; *Spannweite:* 125–140 cm. Läßt sich im Flug vom Mäuse- und Rauhfußbussard durch schmälere Schwingen, den längeren Schwanz sowie den kleineren Kopf mit einem längeren Hals unterscheiden. Auch andere Rufe. Auffallende orange bis gelb leuchtende Iris. Der Schwanz weist eine dunkle Eckbinde und zwei Querstreifen an der Wurzel auf. Die Unterseite ist hell und mit rotbraunen Flecken und Querbändern gezeichnet. Oben ist er dunkelbraun und häufig leicht weiß gefleckt, der Kopf ist licht grau. Die Gefiederfärbung ist aber sehr variabel. So ist die Unterseite oft einfarbig braun. *Stimme:* kläglich klingendes »ki-a« und »kikiki«-Rufe. *Lebensraum:* Lichtungen und Waldränder. Tritt in Deutschland, Österreich und der Schweiz allgemein auf, aber nur als spärlicher Brutvogel (Abb.: S. 22).

Weihen besitzen einen kleinen Kopf, langen Körper, lange, gewinkeltere Flügel und einen langen Schwanz. Im Flug wirken die Flügel nicht so spitz wie bei den Falken. Der Flug ist matter, eher gleitend, in der Regel dicht am Boden. Beim Gleitflug werden die Flügel in der Form eines abgeflachten »V« über den Rücken gehalten.

Rohrweihe *(Circus aeruginosus)* 48–56 cm; *Spannweite:* 120–140 cm. Das *Altvogelmännchen* ist am Rücken und auf den Schultern dunkelbraun gefärbt, die Armschwingen sind grau, die Handschwingen schwarz. Der Schwanz ist in einem etwas helleren Grau getönt. Hals und Kopf sind rostgelb mit dunkelbrauner Zeichnung, Bauch und Hosen einheitlich leicht bräunlich. Das *alte Weibchen* und die *Jungvögel* sind dunkelbraun. Beim Weibchen weisen Nacken, Kehle und Flügelbug ein gelbliches Weiß auf, bei den Jungvögeln sind der Scheitel und die Kehle dunkler, stärker gelb bis rotbraun. *Stimme:* »qui-ä«. *Lebensraum:* Lebt in größeren Rohr- und Schilfbeständen an den Ufern stark verlandender Gewässer. Meidet das Gebirge. *Vorkommen:* Verbreitet in der Norddeutschen Tiefebene, anderenorts selten (Abb.: S. 50, 86).

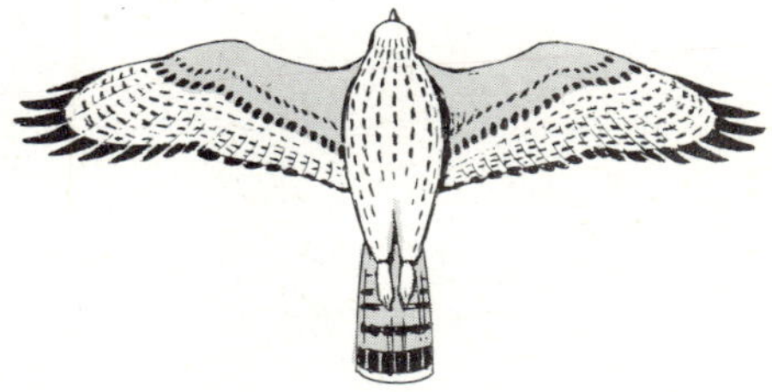

Kornweihe *(Circus cyaneus)* 43–53 cm; *Spannweite:* 105–125 cm. Im Flug läßt sich das *ausgewachsene Männchen* an den schwarzen Schwingenspitzen und dem feinen Saum erkennen, die sich beide deutlich von der ansonsten aschgrauen Unterseite abheben. Die Oberseite ist hellblaugrau mit weißem Bürzel, die Kehle ist grau, der Bauch weißlich. Der *weibliche Altvogel* ist auf der Oberseite einheitlich braun, Kopf, Hals und Unterseite sind breit gelblich gestreift. *Jungvögel* ähneln dem Weibchen, mit stärkerer Strichelung auf der Unterseite (im Unterschied zu den sehr ähnlich aussehenden jungen Wiesenweihen). *Stimme:* »gägägäg« oder »pi-ä«. Den *Lebensraum* bilden offene, weite und nicht völlig kultivierte Landschaften. Horstet in Moor und Heidegegenden. *Vorkommen:* Brutvogel in Teilen Nord- und Mitteldeutschlands sowie in den östlichen und südöstlichen Teilen Österreichs (Abb.: S. 78, 113).

Wiesenweihe *(Circus pygargus)* 41–46 cm; *Spannweite:* 105–120 cm. Kleiner und schlanker als die Kornweihe mit den längsten Flügeln unter den Weihen unserer Heimat. Sie sind auch spitzer ausgebildet als bei ihren Artgenossen. Der *männliche Altvogel* ist auf der Oberseite nicht so hell wie das Kornweihen-Männchen. Der Bürzel ist grau statt weiß (Kornweihe). Das Flugbild weist eine kennzeichnende Querstreifung auf den Armschwingen auf. Auch Bauch und Läufe sind breit in Braun gestreift. *Jungvögel* und *Weibchen* ähneln dem Kornweihen-Weibchen. Die Unterseite ist aber ungestreift bzw. undeutlicher gebändert. *Stimme:* »kekekek«. *Lebensraum:* Liebt feuchte Wiesen, Moore und Heide. *Vorkommen:* Seltener Brutvogel in der Norddeutschen Tiefebene, gelegentlich Württemberg, Bodenseeregion und Bayern. Vereinzelt in Österreich in entsprechendem Gelände.

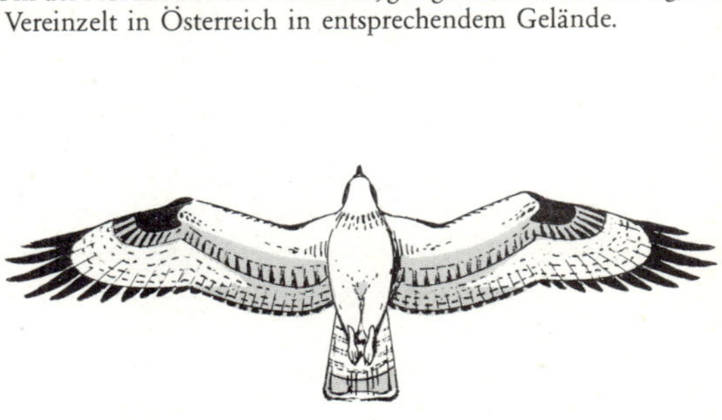

Fischadler *(Pandion haliaëtus)* 51–58 cm; *Spannweite:* 150–170 cm. Erkennbar im Flug an seinen langen, schmalen gewinkelten Flügeln und an der schneeweißen Unterseite. Außerdem rüttelt er gerne und häufig über Gewässern. Die Oberseite ist dunkelbraun, die Spitze der Flügelunterseite schwarz gefleckt. Männchen und Weibchen, Jung- und Altvögel unterscheiden sich kaum. *Lebensraum:* Der Fischadler lebt beständig in Wassernähe, wo er mit vorausgestreckten Fängen nach Fischen taucht. *Stimme:* kurzes pfeifendes Piepen. *Vorkommen:* In Westdeutschland, Österreich und der Schweiz nur mehr als Durchzügler (Abb.: S. 19, 94, 117).

Falken sind durch lange und schlankere sowie spitz zulaufende Flügel charakterisiert. Der Flügelschlag ist oft sehr rasch und kräftig, allerdings meist flachbögig. Der Kopf ist groß, der Schulterbereich breit, der Schwanz verhältnismäßig lang.

Wanderfalk *(Falco peregrinus)* 40–48 cm; *Spannweite:* ♂ 94–97 cm, ♀ 108–112 cm. Man erkennt ihn an den langen spitzen Flügeln und dem schnellen Flug, den ein längeres Gleiten unterbricht. Ein weiteres Kennzeichen ist der sich nach unten verjüngende Stoß. *Altvögel:* oberseits schiefergrau, unterseits rötlich weiß mit zarter dunkler Querbänderung.

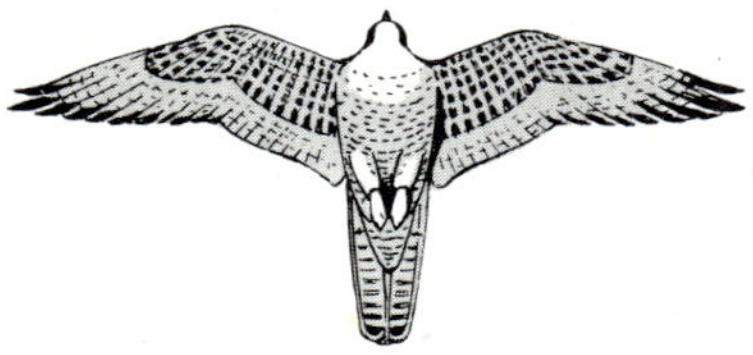

Das Weibchen ist bedeutend größer. *Jungvögel* sind oben dunkelbraun. Die Unterseite ist heller und dunkel gefleckt (nicht gebändert). *Lebensraum:* alle Landschaftsformen. Jagd in offenem Gelände. *Stimme:* zur Brutzeit verschiedenartig; helle, etwas scharfe »kozick«-Rufe, schrille »kekekek«-Laute usw. *Vorkommen:* Bei uns hauptsächlich in Süddeutschland; in der Bundesrepublik noch etwa 70 Brutpaare, ähnliche Vorkommen in den deutschsprachigen Nachbarländern (Abb.: S. 65, 115).

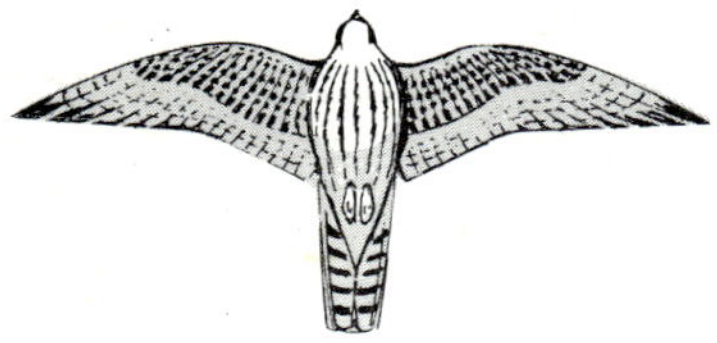

Baumfalk *(Falco subbuteo)* 30–36 cm; *Spannweite:* 75–83 cm. Ist das verkleinerte Abbild des Wanderfalken. Die Oberseite ist blaugrau, die Unterseite hell und dunkel längsgefleckt. Hosen und Unterschwanzdecken sind beim Männchen einfarbig rostrot, beim Weibchen gefleckt. Kennzeichnend ist der schmale, schwarze, backenbartartige Streifen, der stark mit dem Weiß an Kehle und Halsseiten kontrastiert. Läßt sich vom Turmfalk durch seine längeren, schmäleren und stärker zurückgewinkelten Flügel unterscheiden. *Stimme:* »kikiki«. *Lebensraum:* Lichte Wälder in offener Landschaft. In unserer Heimat überall, aber nur selten als Brutvogel (Abb.: S. 86).

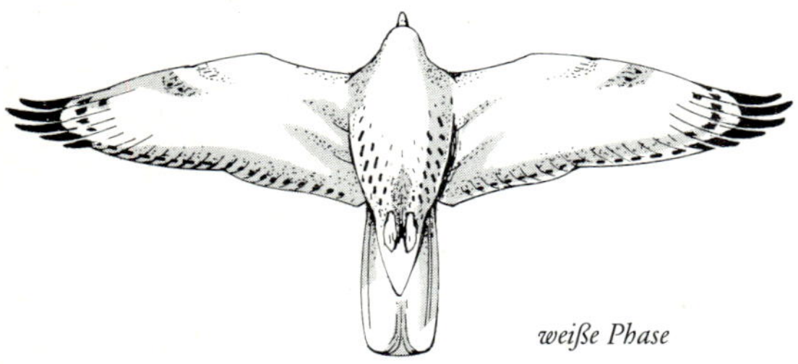

weiße Phase

Gerfalk *(Falco rusticolus)* 51–56 cm; *Spannweite:* 110–120 cm. Im Fluge unterscheidet sich der Gerfalk vom Wanderfalken durch die am Grunde breiteren Flügel, den etwas längeren Schwanz und die stumpferen Flügelspitzen. Verschiedene Färbungsphasen: *Weiße Phase* – reinweiß bis auf die dunkleren Handschwingen; *Graue Phase* – grau bis braun – grau einfarbiges Gefieder, kein Bartstreifen oder nur ziemlich hell. *Lebensraum:* offene arktische Landschaft. *Vorkommen:* Bei uns nur als Gast, fast ausschließlich im norddeutschen Küstenbereich.

graue Phase

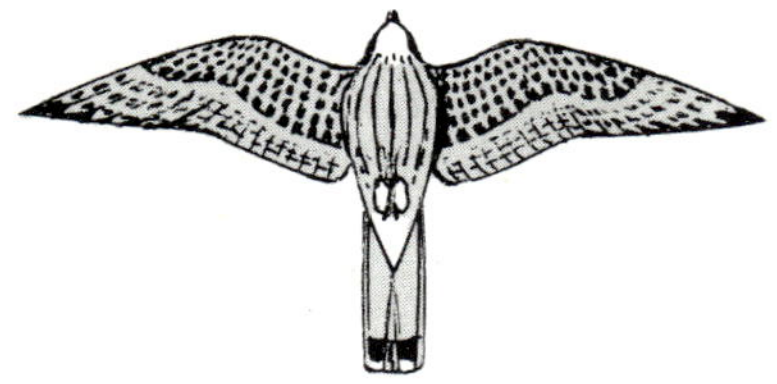

Merlin *(Falco columbarius)* 27–33 cm; *Spannweite:* 60–67 cm. Das *Männchen* ist oben graublau. Die rotgelbe Unterseite ist stark gestreift, der Schwanz weist eine breite schwarze Endbinde auf. Das größere *Weibchen* und die *Jungvögel* sind oberseits graubraun, unterseits weißlich mit Längsstreifen. Der Schwanz weist dunkle Querbänder auf. *Stimme:* »kikiki«. *Lebensraum:* nördliche Tundra. Bei uns als Durchzügler oder gelegentlicher Überwinterer (Abb.: S. 88).

Rotfußfalk *(Falco vespertinus)* 30 cm; *Spannweite:* 73–77 cm. Flugbild ähnelt dem des Baumfalkens. Beim ausgewachsenen Weibchen und den Jungvögeln ist die weiße Bänderung der Hand- und Armschwingen auffällig. Das *Männchen* erscheint im Flug von unten nahezu einfarbig schiefergrau bis schwarz. Kopf, Brust und Rückenseite sind dunkel schiefergrau, Hosen und Unterschwanzdecken eher rostrot. Das *Weibchen* weist an Kopf und Bauchseite eine bräunliche bis dunkelgelbliche Färbung auf. Oberseits und auf dem Schwanz zeigt es ein graues Gefieder mit schwarzer Querstreifung. *Jungvögel* sind oben bräunlich, unten längsgestreift. *Stimme:* »kikiki«. *Lebensraum:* Landschaften mit altem Baumbestand.

Turmfalk *(Falco tinnunculus)* 32–34 cm; *Spannweite:* ♂ 72–77 cm, ♀ 75–80 cm. Erkennbar an den spitzen Flügeln und dem schlanken Schwanz, besonders aber am häufigen Rütteln, wobei der Stoß nach unten abgespreizt wird. Dann läßt sich beim Männchen deutlich die schwarze Endbinde am Schwanz ausmachen. Das *alte Männchen* ist ansonsten oben rotbraun mit dunklen tropfenförmigen Flecken, der Kopf schiefergrau und der Schwanz hellgrau. Die gelbliche Unterseite ist längsgestreift. Oben ist das *Weibchen* rostbraun und gebändert, mit einem rotbraunen Schwanz. Stärker gefleckte Unterseite. *Stimme:* sehr helles »kli, kli, kli«, »kiki«, »kikiki«. *Lebensraum:* alle Landschaftsformen, Großstädte. *Vorkommen:* In Deutschland nur für Bayern als Besucher nachgewiesen. In der Steiermark und Kärnten liegen die nächsten Brutreviere (1960 ca. 600 Brutpaare; zur Zeit nur mehr 50).